内蒙古自治区优质校建设成果精品教材

马铃薯生产加工丛书

马铃薯遗传育种技术

主　编　张美玲　　陈静新

副主编　康　俊　　刘海英　　王秀芳

编　者　陈建保　　张祚恬

丛书主编　张祚恬

丛书主审　陈建保　　郝伯为

武汉理工大学出版社

·武汉·

内 容 提 要

本书是"马铃薯生产加工丛书"之一,系统地介绍了与马铃薯育种相关的遗传基础知识、马铃薯种质资源、马铃薯育种基本技术和育种方法等,力求反映马铃薯遗传育种的科学性、先进性和实用性,突出"新颖、简明、实用、易操作"的特色。

本书可作为马铃薯生产加工专业的教学用书,也可作为相关从业人员的专业培训教材及参考用书。

图书在版编目(CIP)数据

马铃薯遗传育种技术/张美玲,陈静新主编. —武汉:武汉理工大学出版社,2019.10
ISBN 978-7-5629-6116-1

Ⅰ.①马… Ⅱ.①张… ②陈… Ⅲ.①马铃薯-遗传育种 Ⅳ.①S532.032

中国版本图书馆 CIP 数据核字(2019)第 221158 号

项目负责人:崔庆喜(027-87523138)　　　　　　责 任 编 辑:雷　蕾
责 任 校 对:楼燕芳　　　　　　　　　　　　　排　　　版:天成图文
出 版 发 行:武汉理工大学出版社
社　　　址:武汉市洪山区珞狮路 122 号
邮　　　编:430070
网　　　址:http://www.wutp.com.cn
经　　　销:各地新华书店
印　　　刷:武汉市宏达盛印务有限公司
开　　　本:787×1092　1/16
印　　　张:9.75
字　　　数:243 千字
版　　　次:2019 年 10 月第 1 版
印　　　次:2019 年 10 月第 1 次印刷
印　　　数:1000 册
定　　　价:29.00 元

凡使用本教材的教师,可通过 E-mail 索取教学参考资料。
E-mail:wutpcqx@163.com　1239864338@qq.com

总　序

马铃薯是粮、菜、饲、加工兼用型作物,因其适应性广、丰产性好、营养丰富、经济效益高、产业链长,已成为世界粮食生产的主要品种和粮食安全的重要保障。马铃薯在我国各个生态区都有广泛种植,我国政府对马铃薯产业的发展高度重视。目前,我国每年种植马铃薯达550多万公顷,总产量达9000多万吨,我国马铃薯的种植面积和产量均占世界马铃薯种植面积和产量的1/4。中国已成为名副其实的马铃薯生产和消费大国,马铃薯行业未来的发展,世界看好中国。

马铃薯是内蒙古乌兰察布市的主要农作物之一,种植历史悠久,其生长发育规律与当地的自然气候特点相吻合,具有明显的资源优势。马铃薯产业是当地的传统优势产业,蕴藏着巨大的发展潜力。从20世纪60年代开始,乌兰察布市在国内率先开展了马铃薯茎尖脱毒等技术研究,推动了全国马铃薯生产的研究和发展,引起世界同行的关注。全国第一个脱毒种薯组培室就建在乌兰察布农科所。1976年,国家科学技术委员会、中国科学院、农业部等部门的数十名专家在全国考察,确定乌兰察布市为全国最优的马铃薯种薯生产区域,并在察哈尔右翼后旗建立起我国第一个无病毒原种场。近年来,乌兰察布市市委、市政府顺应自然和经济规律,高屋建瓴,认真贯彻关于西部地区"要把小土豆办成大产业"的指示精神,发挥地区比较优势,积极调整产业结构,把马铃薯产业作为全市农业发展的主导产业来培育。通过扩规模、强基地、提质量、创品牌,乌兰察布市成为全国重点马铃薯种薯、商品薯和加工专用薯基地,马铃薯产业进入新的快速发展阶段。与此同时,马铃薯产业科技优势突出,一批科研成果居国内先进水平,设施种植、膜下滴灌、旱地覆膜等技术得到大面积推广使用。乌兰察布市的马铃薯种植面积稳定在26万公顷,占自治区马铃薯种植面积的1/2,在全国地级市中排名第一。马铃薯产业成为彰显地区特点、促进农民增收致富的支柱产业和品牌产业。2009年3月,中国食品工业协会正式命名乌兰察布市为"中国马铃薯之都"。2011年12月,乌兰察布市在国家工商总局注册了"乌兰察布马铃薯"地理标志证明商标,"中国薯都"地位得到进一步巩固。

强大的产业优势呼唤着高水平、高质量的技术人才和产业工人,而人才支撑是做大做强优势产业的有力保障。乌兰察布职业学院敏锐地意识到这是适应地方经济、服务特色产业的又一个契机。学院根据我国经济发展及产业结构调整带来的人才需求,经过认真、全面、仔细的市场调研和项目咨询,紧贴市场价值取向,凭借既有的专业优势,审时度势,务实求真;学院本着"有利于超前服务社会,有利于学生择业竞争,有利于学院可持续发展"的原则,站在现代职业教育的前沿,立足乌兰察布市,辐射周边,面向市场;学院敢为人先,申请开设了"马铃薯生产加工"专业,并于2007年10月获得教育部批准备案,2008年秋季开始正式招生,在我国高等院校首开先河,保证专业建设与地方经济有效而及时地对接。

该专业是国内高等院校首创,没有固定的模式可循,没有现成的经验可学,没有成型的教材可用。为了充分体现以综合素质为基础、以职业能力为本位的教学指导思想,学院专门建立了以马铃薯业内专家为主体的专业建设指导委员会,多次举行研讨会,集思广益,互相磋商,按照课程设置模块化、教学内容职业化、教学组织灵活化、教学过程开放化、教学方式即时化、教学手段现代化、教学评价社会化的原则,参照职业资格标准和岗位技能要求,制订"马铃薯生产加工"专业的人才培养方案,积极开发相关课程,改革课程体系,实现整体优化。

由马铃薯行业相关专家、技术骨干、专业课教师开发编撰的"马铃薯生产加工丛书",是我们在开展"马铃薯生产加工"专业建设和教学过程中结出的丰硕成果。丛书重点阐述了马铃薯从种植到加工、从产品到产业的基本原理和技术,系统介绍了马铃薯的起源、栽培、遗传育种、种薯繁育、组织培养、质量检测、贮藏保鲜、生产机械、病虫害防治、产品加工等内容,力求充实马铃薯生产加工的新知识、新技术、新工艺、新方法,以适应经济和社会发展的新需要。丛书的特色体现在:

一、丛书以马铃薯生产加工技术所覆盖的岗位群所必需的专业知识、职业能力为主线,知识点与技能点相辅相成、密切呼应形成一体,努力体现当前马铃薯生产加工领域的新理论、新技术、新管理模式,并与相应的工作岗位的国家职业资格标准和马铃薯生产加工技术规程接轨。

二、丛书编写格式适合教学实际,内容详简结合,图文并茂,具有较强的针对性,强调学生的创新精神、创新能力和解决实际问题能力的培养,较好地体现了高等职业教育的特点与要求。

三、丛书创造性地实行理论实训一体化,在理论够用的基础上,突出实用性,依托技能训练项目多、操作性强等特点,尽量选择源于生产一线的成功经验和鲜活案例,通过选择技能点传递信息,使学生在学习过程中受到启发。每个章节(项目)附有不同类型的思考与练习,便于学生巩固所学的知识,举一反三,活学活用。

该丛书的出版得到了马铃薯界有关专家、技术人员的指导和支持;编写过程中参考借鉴了国内外许多专家和学者编著的教材、著作以及相关的研究资料,在此一并表示衷心的感谢;同时向参加丛书编写而付出辛勤劳动的各位专家与教师致以诚挚的谢意!

张 策

2019 年 5 月 16 日

前　言

本书是根据教育部《关于加强高职高专教育教材建设的若干意见》的文件精神,结合马铃薯生产加工专业人才培养目标与规格,依据我国马铃薯生产加工行业职业岗位的任职要求而编写的。在选材和编写中力求以实际应用能力为主旨,以强化技术能力为主线,以高职教学目标为基点,以理论知识必需、够用、管用、实用为纲领,做到基本概念解释清楚,基本理论简明扼要,贴近一线生产实践,注重培养学生的应用能力和创新精神。

全书共分十二个项目,项目一、二介绍了经典遗传、细胞质遗传、数量性状遗传;项目三至项目十一分别介绍了马铃薯种质资源、马铃薯品种间杂交育种、马铃薯远缘杂交育种、马铃薯群体改良与轮回选择育种、马铃薯分解育种、马铃薯实生种子和杂种优势利用、马铃薯抗性育种、马铃薯早熟高产品种选育、马铃薯加工型品种选育;项目十二简单介绍了马铃薯生物工程育种的一些基础知识。书中安排了适量的马铃薯育种方法技能训练。各项目后都附有思考与练习。本书注重现代马铃薯遗传育种理论知识和技术的学习,内容以项目化驱动,每个项目分设几个任务,每一个任务设定一两个知识或技能目标,突出学习内容的目的性,突出实践教学和技能的培养。教学中可以根据地区特点,对内容加以取舍。

本书的具体编写分工为:乌兰察布职业学院张美玲编写项目三、项目四、项目五、实训;乌兰察布职业学院陈静新编写项目一、项目二;乌兰察布职业学院康俊编写概述、项目十一;乌兰察布职业学院刘海英编写项目十、项目十二;乌兰察布市农牧业科学研究院王秀芳编写项目八、项目九;乌兰察布职业学院陈建保编写项目六;乌兰察布职业学院张祚恬编写项目七。

编者在编写过程中参阅了许多教材、著作和论文,还引用和借鉴了一些专家学者的资料,同时也接受了一些兄弟院校同仁的建议,在此对有关作者和专家表示衷心的感谢。

本书不仅可作为高职高专马铃薯生产加工专业的教学用书,也可作为马铃薯行业培训及马铃薯行业从业人员的参考用书。

由于编者水平有限,加之时间仓促,收集和组织材料有限,书中存在的错误和不足之处,敬请同行专家和广大读者批评指正。

编　者

2019 年 7 月

目　　录

概　　述

发展作物生产,提高作物生产水平,基本上是通过作物的遗传改良和其生长条件的改善等途径来实现的。遗传的改良属于育种学研究的内容,生长条件改善主要属于栽培学的范畴。马铃薯作为一种一年生的草本植物,遵循作物的基本规律,本书以遗传学为基础主要介绍马铃薯的育种方法。

一、作物进化与马铃薯的遗传改良

(一)自然进化与人工进化

各种各样的植物都是从原始植物进化演变而来的;现有的各种作物属于栽培植物,都是从野生植物演变而来的。这种演变发展过程称为进化过程。所有生物,包括野生植物和动物的进化取决于三个基本因素:遗传、变异和选择。遗传和变异是进化的内因和基础,选择决定进化的发展方向,自然进化是自然变异和自然选择的进化;而人工进化则是人类为发展生产的需要,人工创造变异并进行人工选择的进化,其中也包括有意识地利用自然变异及自然选择的作用。自然进化一般较为缓慢,而人工进化则较迅速,自然进化的方向取决于自然选择,而人工进化的方向则主要取决于人工的选择。自然选择使有利于个体生存和繁衍后代的变异逐代得到累积加强,不利的变异逐代淘汰,从而形成新物种、变种、类型以及对其所处环境的适应性。人工选择则是人类选择所需要的变异,并使后代得到发展,从而培育出发展生产所需要的品种。现代作物品种是在自然选择基础上的人工选择产物。所有作物都起源于其相应的野生植物,经历了漫长的自然选择和人工选择的过程:野生植物经驯化成为作物,又从古老的原始地方品种经不断选育发展为现代品种。虽然人工选择的目标性状(如涉及高产、优质等许多性状)与自然选择的方向有不同程度的矛盾,但是自然选择的基本变异(如活力、结实性,对所处环境条件的适应性,对胁迫因素的抗耐性等)也都是人工选择的基本性状。因此,人工选择还不能脱离自然选择,而应协调与自然选择间的矛盾。现代人工选择的效率日益提高,主要是由于创造所需要的新变异和鉴定目标性状的方法及技术有了显著的发展。

作物育种实际上就是作物的人工进化,是适当利用自然进化的人工进化,其进程远比自然进化快。马铃薯的育种也是在自然进化的过程中,结合现代人工选择以创造和培育出新品种。

(二)遗传改良在马铃薯生产发展中的作用

遗传改良是指作物品种的改良。从野生植物驯化为栽培作物,就显示出初步的、缓慢的遗传改良作用。现有各种作物都是在不同历史时期先后从野生植物驯化而来的。随着生产的发展,人类发掘可食用、饲用、药用及工业原料用的各种植物种类的工作一直在不断地进行,从而使作物种类不断得到丰富。

通过遗传改良可以创造新的物种、新的栽培作物,并且对现有作物品种进行改良。优良品种是指在一定地区和耕作条件下符合生产发展要求并具有较高经济价值的品种。生产上所指的良种包含品种品质优良和播种品质优良双重含义。近一两百年以来,农业和农业科技发展中的现代育种技术、化肥和施肥技术、农药合成及灌溉技术对于农业生产发挥了重要作用。作物生产中,在新品种的应用、增施肥料、防治病虫害、改善管理等方面,品种的作用最大。据有充分科学根据的估算,新品种的应用在提高农作物产量方面的贡献率达40%。

优良品种在发展生产中的作用主要有:

(1)提高单位面积产量。

(2)改进农产品的品质。

(3)保持稳产性和产品品质。

(4)扩大作物种植面积。

(5)有利于耕作制度的改革、复种指数的提高,有利于农业机械化的发展和劳动生产率的提高。优良品种对经常发生的病虫害和环境胁迫具有较强的耐抗性,在生产中可减轻或避免产量的损失和品质的变劣。

在马铃薯遗传育种方面,通过对现有马铃薯品种的遗传改良,可以提高马铃薯新品种的适应性,改良其农艺性状,从而扩大其种植区域和面积;马铃薯的遗传改良更主要的作用在于提高其增产潜力以提高单位面积产量、改进产品品质、增强对病虫害和环境胁迫的耐抗性等。随着遗传育种等理论与方法的深入研究和生物技术的应用,遗传改良的效果得到进一步提高,也就有效地促进了生产的发展。当然,马铃薯生产和发展还有赖于耕作和栽培措施的改进,因为遗传改良毕竟只是改良其生产的内在潜力,而改进耕作栽培条件可以使这种潜力得到更充分的发挥。所以,通过马铃薯品种改良与耕作栽培措施改进适当地配合,能使其生产得到更大程度的发展。

二、我国马铃薯育种方法的研究与应用

随着生物技术的兴起和发展,我国马铃薯育种方法也发生了很大的变化。当前我国马铃薯的育种方法,从技术方面大体上可分为杂交育种、诱变育种和生物技术育种三类。

(一)杂交育种

1. 品种间杂交

品种间杂交是我国目前最为常用的育种方法。它一般包括品种(系)间的杂交、自交、回交和杂种优势(指纯自交系间的杂交)等四种方式。

我国于20世纪40年代中期便开始了马铃薯的品种选育工作,20世纪末已育成了100多个品种,其中大多数品种都是通过品种间杂交选育而成的,少部分品种由自交方法育成,如克新12号、克新13号等。回交方法主要用于亲本材料的改良方面,很少用于培育新品种,现阶段主要利用回交手段进行新型栽培种的群体改良工作。至于杂种优势的利用,早在20世纪70年代初我国便开始立项研究,但是经过多年的研究探索,进展不大,只获得一些优良杂交亲本。这主要是由于马铃薯的遗传基础极为复杂,必须经过几代,甚至几十代的自交,才能获得纯合的自交系。而马铃薯这种作物,经过几代自交后,往往会出现自交不亲和现象,且产量和生活力下降,致使自交无法进行。尽管如此,我国在这方面的研究水平在世界上还是领先的。

2. 种间杂交(远缘杂交)

20世纪50年代我国就有人开始研究马铃薯远缘杂交,经过多年的积极探索,仅仅在近

缘栽培种方面取得了一些成绩,通过对新型栽培种的群体改良,筛选了一批有价值的优良亲本,并利用这些亲本培育出一些不同用途的优良品种,如东农 304、克新 11 号、内薯 7 号、呼薯 7 号等。在野生种的利用方面,由于技术上的原因则出现了徘徊不前的局面。而国外,如欧美、前苏联等国育成的品种中,有 60% 都是通过远缘杂交方法育成的,都具有野生种的血缘,如大白头翁、卡它丁、米拉等品种。

(二)诱变育种

1. 辐射诱变育种

辐射诱变育种一般包括电离射线(如 X、γ、Co⁶⁰)、紫外线、激光等离子束诱变等几种方式,还包括近年来发展起来的太空辐射育种。我国马铃薯的辐射诱变育种取得的成就很小,进展也很慢,远不如其他作物(如小麦、水稻、大豆等)发展迅速。迄今为止,只有极少数品种是通过辐射方法育成的,而且仅局限于 Co⁶⁰ 的照射,其他如紫外线、激光等照射,以及等离子束、太空诱变种等则未见报道。

2. 化学诱变育种

20 世纪 50 年代曾有人利用秋水仙素人工处理马铃薯块茎,希望获得诱变材料,但收效甚微。目前人们主要利用化学诱变剂来进行染色体加倍方面的研究,而用于育成品种方面尚无报道。

3. 芽变育种

芽变育种是指利用发生变异的枝、芽进行无性繁殖,使之性状固定,通过比较鉴定,选出优系,培育出新品种的方法。芽变育种可分为自然芽变和人工芽变。自然芽变作为一种育种方法,从未引起过我国马铃薯育种家们的重视,从 20 世纪 40 年代至今,仅有坝丰收一个品种是通过芽变方法选育的。而国外的一些名牌品种,如麻皮布尔斑克、红纹白、男爵等都是利用芽变选育出来的。关于人工芽变我国尚属空白。

(三)生物技术育种

1. 基因工程育种

基因工程育种在我国虽然起步较晚,但发展非常迅速,在马铃薯育种方面已取得了突破性的进展。基因工程育种在改良单一不良性状(如品质、抗病性等)方面是其他育种方法无法比拟的。原因在于基因工程是将目的基因直接导入到生产主栽品种中去,改良其不良性状,使品种更加优良。基因工程育种是当前我国马铃薯育种中见效最快、发展最为迅速的方法之一。

2. 染色体工程育种

染色体工程育种也称"倍性操作"育种,这是 1963 年由 Chase 提出来的育种方案,即将四倍体降为二倍体,先在二倍体水平上进行选育、杂交和选择,然后再经过染色体加倍,使杂种恢复到四倍体水平。这就为野生种的利用展示了美好的应用前景。我国如今已在诱导双单倍体和单倍体、染色体加倍及 $2n$ 配子利用等方面获得了成功,并得到一些"双单倍体-野生种"四倍体杂株,这些杂株已在育种中应用。

3. 细胞工程育种

细胞工程育种主要是指利用花药组织培养、原生质体培养、体细胞融合与杂交等技术进行育种的方法。我国已经利用细胞工程学育种选育出不同特点的优良品系。细胞工程育种的实施,为马铃薯远缘杂交育种带来了光明的前景,因为它能够解决远缘杂交中存在的技术上的难题,从根本上解决了科、属间,属、种间以及种、种间的杂交不育的问题。

三、学习本课程的意义及学科发展动向

作物育种学是研究选育及繁殖作物优良品种的理论与方法的科学,其基本任务是在研究和掌握作物性状遗传变异规律的基础上,发掘、研究和利用各有关作物种质资源,并根据各地区的育种目标和原有品种基础,采用适当的育种途径和方法,选育适于该地区生产发展需要的高产、稳产、优质、抗(耐)病虫害及环境胁迫、生育期适当、适应性较广的优良品种或杂种以及新作物;同时,能在其推广过程中保持和提高其种性,提供数量多、质量好、成本低的生产用种,促进高产、优质、高效农业的发展。

马铃薯遗传育种这门课程旨在通过学习遗传规律及育种的方法以待培育出新品种,从而促进马铃薯产业的发展。

马铃薯育种学的特点及发展动向主要表现在以下方面:

1. 育种目标要求提高

现代农业对新品种不仅要求进一步提高增产能力,增强对多种病虫害及环境胁迫的耐抗性,广泛的适应性;而且要求具有良好的产品品质和适应机械操作。就全国范围而言,高产、稳产、抗病、耐贮和优质是最重要的育种目标,品种的专用品质好和薯形好,芽眼浅,早熟,高产,抗晚疫病、青枯病、PVX、PVY 和 PLRV 是重点,但不同的马铃薯栽培区的育种目标各不相同。

2. 种质资源工作有待进一步加强

种质资源的收集、保存、研究、评价、利用及创新等一系列工作有待重视和加强。马铃薯育种目前存在的主要问题是:资源贫乏,遗传背景狭窄,且世界大多数马铃薯育种资源主要来自于欧洲经长日照驯化的栽培种。我国育成的 100 多个品种,80% 左右来自于 6 个栽培品种。同时在马铃薯的育种过程中马铃薯为同源四倍体,遗传分离复杂,性状选择准确性低,丰富的野生资源因杂交障碍难以利用。因此,在育种的过程中,必须重视种质资源创新(如细胞工程技术)的应用等。

3. 深入开展育种理论与方法的研究

除了传统的育种途径,应大力开拓育种的新途径和新技术,包括人工诱变育种、倍性育种、远缘杂交育种、细胞工程、染色体工程、基因工程等技术。同时,广泛采用现代技术和仪器进行微量、快速、精确的鉴定分析,以提高选育效率。

4. 加强多学科的综合研究和育种单位之间的协作

随着育种目标的提高,所涉及的性状越来越多,要求也越来越高,从而育种所要求的知识和方法就不是作物育种工作者所能全面掌握的,必须组织多学科的综合研究才能提高功效。

项目一　经典遗传与细胞质遗传

1. 掌握有关遗传学的几个基本概念,理解遗传与变异的对立与统一,掌握遗传、变异和环境之间的相互关系。

2. 了解并掌握分离规律、自由组合规律、连锁与交换规律的实质,切实理解这三大规律在育种中的指导意义。

3. 了解细胞质遗传规律在作物杂交育种中的应用,特别是在亲本选配时,母本的选择对杂种后代的影响状况。

任务一　遗传与变异

一、基本概念

1. 遗传

遗传是指生命在世代间的延续,也就是亲代和子代间的相似现象。

2. 变异

变异是指子代个体之间及与亲代之间的差异。

遗传使得生物的种性尽量得以稳定,子子孙孙繁衍不尽,但是仅有遗传而没有变异,想一想,50万年以前的人类是刚刚从大树上下来的浑身长满了毛,而且智力不怎么发达的北京猿人,如果一成不变,今天会是什么样子呢? 其实遗传和变异是交互的,变异是生物进化的原材料,可以说变异即使在今天也为我们创造了丰富的选择来源,才使得家养动物及栽培植物种类繁多。

3. 性状

性状是指生物体所表现出的外部形态特征及内部生理生化特性。

4. 单位性状

把总体的性状区分开来,作为一个一个的单位进行研究,这区分开的单个性状即称单位性状。如人的身材有高有矮,头发有各种色泽,这些是性状;身体内部酒精的代谢涉及两种脱氢酶,这也是性状。

5. 相对性状

相对性状是指单位性状的相对差异,如豌豆花有的为红色,还有的为白色;番茄果实有红色的、黄色的、白色的等。

二、遗传性

遗传在生物界是一个基本的现象,这是自从有了生命现象以后就伴随着的。正是由于有了遗传才使得生物的种性得以稳定,才使得这个世界"种瓜得瓜,种豆得豆",每一个物种世代繁衍。过去人们仅仅认识到的是遗传的现象,对于遗传的道理是不知晓的。一直到了18世纪下半叶和19世纪上半叶,才由拉马克和达尔文对生物的遗传与变异进行了系统的研究。在拉马克看来,生物生存环境条件的改变是生物产生变异的根本原因,他提出了器官的用进废退和获得性状遗传等学说。他的这些学说对当时遗传理论的研究起到了巨大的推动作用。但事实证明他的不少学说站不住脚,比如获得性状遗传。达尔文是一位英国人,是博物学家,1831年随贝格尔号做了5年的环球航行,途径了大西洋、南美洲和太平洋,广泛地考察了沿途的动物和植物,于1859年发表了著名的《物种起源》,提出自然选择和人工选择的进化学说。关于生物是怎样遗传繁育下一代的,他提出了"泛生论"的假说:生物体在生长过程中各个器官、部位都能形成一些微小的泛生粒,这些微小的粒子能够在体内流动,进入生殖时期时各个器官的泛生粒汇集到生殖细胞里,雌雄受精以后的合子将所有的泛生粒再分配到各器官部位进行生长,从而遗传发育为新的个体。但这一假说是缺乏解剖学依据的。在达尔文以后流行的是新达尔文主义,魏斯曼是创始人。他提出了种质论:多细胞生物体是由种质和体质构成的,种质世代延续不绝。事实上这个种质就是今天所讲的遗传物质。真正对生物的遗传变异进行研究并取得巨大成就的是孟德尔,他经过8年的豌豆杂交实验研究,得出了遗传学的两大经典定律:分离规律和自由组合规律,并于1866年发表在《植物杂交试验》上。到了1900年,又有三个人同时发现了这些规律,这一年也就被认为是遗传学诞生的年份。

进入20世纪,伴随着其他自然科学的迅猛发展,遗传学的发展同样是突飞猛进。在1909年,约翰生提出了"纯系学说"。纯系学说在选择育种上具有巨大的指导意义:不要在基因型纯合的群体中进行选择,从而杜绝了在栽培纯系中进行的无效而费时的选择。美国人摩尔根以果蝇为材料进行的研究确立了遗传学的经典第三定律——连锁交换规律,从而提出了染色体遗传理论,进一步发展为细胞遗传学。到了这时,关于生物是怎样遗传的就有了系统而正确的解释:生物体的遗传性状是由其体内的基因控制的,这些基因在体内是成对存在的。在繁殖后代时这些成对的基因是要分开的,生物所形成的生殖细胞(精子和卵子)里只能有一对基因中的一个。决定各种性状的不同基因在进入生殖细胞时是可以随机组合的,但是有些基因有连在一起遗传的趋势,并且绝大部分基因位于生物细胞核内的染色体上。

1927年,穆勒等以X射线处理果蝇和玉米,诱发突变成功。到了1937年,布莱克斯利利用秋水仙碱诱导多倍体成功。这两个现象的发现,为探索可遗传的变异提供了理论与事实依据。1932年,费希尔等应用统计学的方法分析性状的遗传与变异,奠定了数量遗传性的数学分析基础。

1941年,比德尔等人以红色面包酶为材料研究基因是如何控制性状发育的,提出了"一个基因一个酶"的学说,阐明了基因在控制性状的时候是通过酶来促进相关的生理生化反应来决定性状的发育。

20世纪50年代前后,相关的自然科学已经取得了长足的发展,对遗传学的研究起到了巨大的推动作用。1944 年,阿委瑞在有毒型和无毒型肺炎双球菌的转化实验中证实 DNA 是遗传物质。1952 年,赫尔歇等在大肠杆菌的 T_2 噬菌体感染实验中进一步确定是 DNA 在起作用。具有划时代意义的是 1953 年瓦特森和克里克通过 X 射线晶体衍射的研究,提出了 DNA 分子双螺旋结构模型。这一模型的建立为 DNA 分子的结构、自我复制、相对稳定和变异性,以及 DNA 作为遗传信息的传递及储存的载体提供了合理的解释,明确了基因是 DNA 分子上的一个片段,从而促进了分子遗传学的发展。20 世纪 70 年代左右遗传工程异军突起,人工合成了牛胰岛素基因等,美国率先育成了抗性很强的转基因植物。20 世纪 80 年代,英国首先克隆出了多莉羊,为利用克隆技术治疗人类遗传疾病及器官移植奠定了基础。

三、变异性

俗话说"一娘生九子,九子九个样",这句民间流传的关于遗传变异的谚语解释了变异是广泛存在的事实。就像前文提到的,如果仅有遗传而无变异,现在世界上的生物仍然是远古时期的那些古老的物种。在地球上,生物产生于 29 亿年前,在南非发现的化石中的短杆菌是简单的单细胞生物。从单细胞生物到多细胞生物一直到寒武纪大量出现的蕨类植物,中间演化了近 20 亿年,发生了天翻地覆的变异。到了中生代,地球上的植物又以裸子植物为主,生物也大量地从海水中进化到了陆地,以我们都熟悉的几种动物为例来看看生物的巨大变异性。大象在现在的陆地上是最大的哺乳动物,但是在中生代末期的地质中发现的是与猪大小相同的大象化石,也就是说 7000 万年前的象就是在陆地上游走于丛林间的小动物。现在的马是体型很大的动物,但在中生代末期、新生代开始的时候,在相关的地层中发现的是体量很小的三趾马。这说明变异与进化是一直发生着的。在我们的日常生活中变异随处可见:播种开红色花的石竹种子,开花后的花色各种各样,并没有把红花一成不变地遗传下来;一个优良的马铃薯品种无性栽培几年会退化,从高产变为低产,从抗病变为不抗病,这是非常大的变异。

变异有可遗传的变异和不可遗传的变异。由于遗传物质的改变而导致的变异是能够遗传的,也正是育种工作所要利用的。在辐射育种中,采用 X 射线、中子流等诱变技术诱发基因突变从而导致性状的改变,进一步培育出新品种。用秋水仙碱处理植物的分生组织诱导多倍体的产生,多倍体植株在相关的性状上有很大的改变:营养器官和花朵的巨大性,繁殖能力的降低等。利用相关的杂交技术可以培育出三倍体的无籽西瓜。在常规的杂交育种技术中,通过利用不同的亲本组合,能够培育出十分优良的杂种后代,如马铃薯抗晚疫病品种克新 1 号、克新 2 号、克新 3 号、杂交水稻等。同样,不遗传的变异广泛存在,如同一个小麦品种栽培在不同肥力的土壤条件下,在生长势上肯定有差异,将会出现明显的变异,肥力好的地块上长势好、产量高。这说明外界环境条件是导致生物体产生变异的重要原因,但是这些变异往往是不能遗传的。

四、遗传变异与环境

现在世界上的众多生物显然都是从远古一步一步进化来的,遗传与变异相互矛盾但又相互协调。在生物的进化中,遗传与变异是进化的内在基础,环境是外在条件,环境既可以诱发遗传性的变异,又可导致出现不遗传的变异。遗传使得生物的种性尽量得以稳定,变异在遗传性的基础上世代之间不断地产生。究竟一个变异个体能否保存下来,主要取决于环境。达尔文的进化论很精辟地阐明了这一点:适者生存,劣者淘汰(图1-1)。从进化的角度来看,遗传与变异是进化的材料,环境决定进化的方向。在干旱的环境条件下,进化到现在的旱生植物全部都是相当耐旱的,发育了一系列的旱生结构:退化或变小的叶,叶片上发达的角质层及绒毛和发达的根系等。这些性状与中国南方的喜水植物相比较在生物产量、生长期等方面相差很大,但在严酷的干旱环境下,只有那些具有旱生结构变异的个体才能生存下来并得以繁衍。

图1-1　环境对长颈鹿进化的作用

从理论上讲,遗传依靠的是细胞核里染色体上大量的核基因及细胞质里的少量胞质基因,特别是核基因在减数分裂形成配子时的一系列准确机制得以实现;而可遗传的变异的产生原因包括基因重组、染色体畸变、染色体数量的改变及基因突变。环境导致基因突变的因素很多,如物理因素的放射线、温度等,化学因素的一系列高分子化合物,如秋水仙碱、5-溴尿嘧啶等,既可诱发基因突变,也可诱发染色体数量的改变。所以说,生物就是在遗传、变异与环境的矛盾统一体中不断地发展着。

任务二　遗传的基本规律

一、分离规律

(一)豌豆的杂交试验

孟德尔(图1-2)是奥地利的一个神父,生活在19世纪。他有渊博的生物学知识,认真、细致地进行了许多相关实验。他种植了豌豆、月见草等,并广泛地进行杂交,之后用统计学的方法进行了分析。事实证明他选用豌豆是非常正确的:豌豆是自花授粉植物,而且有关的7对相对性状的区分十分明显,就拿高和矮这对性状来讲,高的将近2m,而矮的才50cm左右。豌豆开花红的就是红的,白的就是白的,只有这两种色泽,没有别的花色。现在以花色的杂交为例(图1-3)。

图1-2 遗传学鼻祖孟德尔

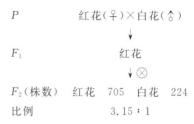

$$P \qquad 红花(♀) \times 白花(♂)$$
$$\downarrow$$
$$F_1 \qquad\qquad 红花$$
$$\downarrow \otimes$$
$$F_2(株数) \qquad 红花\ 705\ \ 白花\ 224$$
$$比例 \qquad\qquad 3.15:1$$

图1-3 豌豆花色杂交试验

在杂种第一代,表现的性状全部是红花,F_1表现出的性状叫显性性状,没有表现出来的性状称为隐性性状。白花性状在杂种第一代完全没有出现,好像被隐藏起来了。杂种第一代自交繁育出了F_2,在第二代中可以看到既有红花也有白花,红花出现了705株,白花出现了224株。如果把白花224看作一个单位,那么红花705大约就是3个单位。在这个例子中是把红花作为母本,如果让白花作母本,结果会是这样吗?孟德尔在做以上杂交组合时,同时也做了以白花为母本的杂交组合实验,其结果与以上完全相同。如果把红花作母本的杂交称作正交,那么白花作母本自然就是反交了。其实孟德尔在做关于红花与白花的杂交的同时,也做了其他6对相对性状的杂交实验。从表1-1的杂交实验结果可以总结出以下共同特点:

(1)杂种第一代所有的个体表现完全一致,全部是显性的性状,另一个相对的隐性性状完全被隐藏起来。

(2)在杂种第二代中出现了分离现象,既有数量大约占70%的显性性状,隐性性状同时出现了大约30%,这就是性状分离。但是需要注意的是之所以能够在杂种第二代中重新出现隐性性状,说明隐性性状在杂种第一代中并没有消灭。

(3)在杂种第二代中显性性状和隐性性状的分离比例大约是3:1。

表1-1 孟德尔进行过的多对豌豆杂交实验

性状	杂交组合	F_1 表现的显性性状	F_2 的表现		
			显性性状	隐性性状	比例
花色	红花×白花	红花	705 红花	224 白花	3:1
种子形状	圆粒×皱粒	圆粒	5474 圆粒	1850 皱粒	2.96:1
子叶颜色	黄色×绿色	黄色	6022 黄色	2001 绿色	3.01:1
豆荚形状	饱满×不饱满	饱满	822 饱满	299 不饱满	2.75:1
不熟荚色	绿色×黄色	绿色	428 绿色	152 黄色	2.82:1
花的位置	腋生×顶生	腋生	651 腋生	207 顶生	3.14:1
植株高度	高×矮	高	787 高	277 矮	2.84:1

(二)分离现象的解释

1. 杂种后代性状分离的原因

孟德尔在进行了关于豌豆 7 对相对性状的杂交并进行了简单的统计学分析后,他仔细琢磨出现的现象和结果,提出了假说,事实证明这个假说是正确的,经后来快速发展的科学补充,成为现在遗传学的第一大定律:分离规律。

(1)生物体任何一个性状的发育都是由体内对应基因控制的。

(2)基因在体内都是成对存在的,一个来自母本,一个来自父本。

(3)成对的基因在体内各自独立地存在,互不混杂、互不干扰。

(4)在形成配子时,成对基因各自独立地进入不同的配子中,彼此分离,每一个配子只能得到一对基因中的一个。

(5)杂种产生各种配子的机会、数目是均等的,含有不同基因的各种配子结合的机会也相等。

以豌豆花色的杂交为例:红花×白花,红花由 C 基因控制,白花由 c 基因控制。根据分离规律,基因在体内应当是成对存在,那么这个杂交组合可以写成 $CC×cc$。通常情况下不作特殊说明时写在前面的是母本,写在后面的是父本。在形成配子时 CC 彼此分离,它所形成的配子只能含有一个 C,同样 cc 也只能形成一种只含有 c 的配子。雌雄配子彼此受精结合形成的杂种 F_1 的基因结构就是 Cc。杂种第一代自交,既作母本又作父本,相当于 $Cc×Cc$,结果如表 1-2 所示。

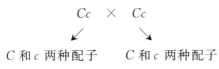

$$Cc \quad × \quad Cc$$

C 和 c 两种配子　　C 和 c 两种配子

表 1-2　豌豆杂交实验控制花色基因型

♀ ＼ ♂	C	c
C	CC(红花)	Cc(红花)
c	cC(红花)	cc(白花)

从这个例子可以看出来,不管是父本还是母本,在形成配子时,配子只能得到一对基因中的一个,成对的基因是要分开的。本例 F_2 出现了 4 个组合,但是遗传组成只有 3 种:CC、Cc 和 cc。前两种开的都是红花,只有后一种开白花。红花∶白花是 3∶1。孟德尔进行的其他 6 对相对性状的杂交都符合这个道理。

2. 基因型、表现型及基因型分析

(1)基因型:是指生物体所有遗传基础的总和。但是通常讲的基因型是指具体性状的基因结构形式。

(2)表现型:是指生物体所有性状表现的总和。但具体常常指探讨研究的性状表现,比如红花、绿子叶等。

(3)同源染色体:细胞核里大小、形态、结构和功能相同的染色体,通常是成对存在的。

(4)等位基因:位于同源染色体对等位置、控制单位性状的基因。

(5)纯合体:控制单位性状的基因是相同的,如 CC 和 cc。

(6)杂合体:控制单位性状的基因是不同的,如 Cc 等。

如何进行基因型分析呢? 方法有两种:

(1)测交法:把被测植株与隐性亲本进行交配,因为隐性亲本只产生一种带有隐性基的配子,它碰到什么基因的配子就表现什么基因的性状,从而根据测交后代的表现很准确地推断出被测植株含有什么基因及它的基因型。

被测植株红花×测交亲本白花(cc)

1 红花∶1 白花(cc)

这个测交例子中被测植株开的是红花,开红花有两种基因型:CC 和 Cc。如果它是前面这种基因型,则只产生一种配子 C,那么它和测交亲本交配的后代只有一种基因型(Cc)和表现型,开的全部是红花,因为隐性亲本(白花)只产生一种含有 c 的配子。以上显然是后一种情况,即被测个体是杂合体,产生了数目相等的两种配子:C 和 c,从而和来自测交亲本的配子 c 结合,测交后代既有红花也有白花,比例是 1∶1。

(2)自交法:这种方法的原理是纯合体(如 CC)不分离,而杂合体(Cc)在形成配子时分离。如一个红花植株,它自交后如果后代全部是红花,表明它是纯合的;如果分离出了白花,证明它是杂合状态的。

以上两种方法可以用于分离规律的验证。

(三)分离规律及应用

1. 分离规律

在杂合状态下,基因之间互不影响,各自保持独立,在形成配子时独立地分配到不同的配子中去,从而形成带有不同基因的配子,比例为 1∶1;在完全显性的情况下后代出现 3 种基因型,比例为 1∶2∶1;两种表现型,比例为 3∶1。

2. 分离比出现的条件

分离现象在繁育后代的过程中是广泛存在的,正所谓"一娘生九子,九子九个样"。但是也有例外,即如果是一个很纯的品种自交,后代就不会出现分离,说明分离比的出现是有条件的。可以归纳为以下几条:

(1)杂交所采用的两个亲本都必须是纯合的二倍体。

(2)研究的性状受一对等位基因的控制且表现为完全显性。

(3)F_1 形成的各种配子的生活力均等,受精结合的机会也均等。

(4)F_2 子代所处的环境相同,子代群体数量应该大。

3. 分离规律的应用

在农业、林业以及畜牧业的育种中,生物种性的保持、复壮非常重要。同时在新品种的培育中也要清楚地了解所采用亲本的纯合程度。在育种工作开始前,心中应当对育种的规模有个大致的规划,而要做到这一点,就得以分离规律作指导。

(1)为了在马铃薯等作物育种中有效培养新品种,在杂交时要选用纯合体作亲本。因为两个纯种杂交出来的 F_1 的基因型是一致的,让它自交,繁育出来的 F_2 广泛分离,在其中挑选出需要的表现型并使其进行 4~5 代的自交,是培养出一个新品种的基本方法。

(2)通过对相关性状的研究,可以对后代出现的性状及比例进行准确预计,从而有计划地选择种植规模。例如,西红柿红果与黄果纯种杂交,在杂种第二代中红果出现的比例是75%,其中纯种(也就是后代不会分离的)仅占 1/3,如果需要 100 株纯种红果,那么就需要300 株以上的红果植株。

(3)利用配子经过组织培养繁育出单倍体植株,然后使其染色体加倍成为纯粹的纯合二倍体以供杂交。传统的做法是:在杂交前为了制备纯合体的父母本,需要经过4～5代的自交,这是一项耗时费力的工作。而现在通过对花粉的培养,首先诱导出愈伤组织,进一步发育出单倍体的植株,虽然其本身生长很弱,但用秋水仙碱处理即可诱导出纯合二倍体。

(4)根据分离规律,结合有丝分裂,对于许多园林园艺植物,应强调无性繁殖利用。现在果树有许多优良品种,如富士、红星、秦冠等。就富士来讲,它是芽变经过嫁接而成的一个无性系,它也只能这样繁殖利用。如果把富士苹果的籽种下去,长起来的就会是一个分离了的群体。现在广泛推广的一些马铃薯优良品种也是这样的道理。

二、自由组合规律

生物体在繁殖后代的时候总是把所有的性状同时遗传下去而绝不会只是遗传一两个。所以孟德尔在考虑豌豆遗传的时候是把问题简单化了,但事实证明他的这种简单化是正确的,因为在分析、解决问题的时候总是从简单到复杂,先解决起码的问题,然后由点到面。他在做了一对相对性状的杂交实验以后,紧接着做了两对相对性状的杂交实验。

(一)两对相对性状的杂交实验

1. 有关豌豆的杂交实验

孟德尔考虑了豌豆的两对相对性状:饱满籽粒—皱缩籽粒;黄色子叶—绿色子叶。他选用的母本是黄色子叶、圆粒种子,父本是绿色子叶、皱缩籽粒,结果如下:

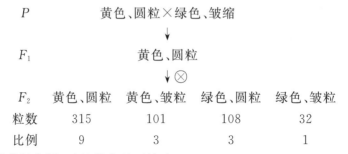

对这个结果进行分析,可以得出以下结论:

(1)尽管考虑的是两对相对性状的遗传,但在子一代中分别表现的是黄子叶和圆形的种子,说明黄子叶和圆种子是显性的。

(2)在 F_2 中一共出现了四种表现型,除了亲本具有的黄圆、绿皱以外,还出现了黄皱和绿圆这两种新的性状组合。如果把32看作一个单位,那么这个杂交的结果就呈现9:3:3:1的比例。单一的一对相对性状是怎样遗传的? 亲本是黄色子叶杂交绿色子叶,子一代全部是黄色子叶,子一代自交产生的子二代:

$$黄色子叶:绿色子叶=(315+101):(108+32)=2.97:1≈3:1$$
$$圆粒种子:皱缩种子=(315+108):(101+32)=3.18:1≈3:1$$

可见虽然考虑的是两对相对性状的遗传,但就每一对相对性状来讲仍然是按照分离规律进行的,彼此互不干扰,各自独立。

综合起来比较如下。

重点看 F_2:依然是一对相对性状的杂交,黄色子叶占3/4,绿色子叶占1/4;圆粒种子出现3/4,皱缩种子出现1/4。子叶的颜色和种子的形状彼此是独立事件,从理论上来看,黄色子叶、圆粒种子就应当出现 3/4×3/4=9/16;同理,黄色子叶、皱缩种子应当出现3/16;绿色子叶、圆粒种子出现 3/16；绿色子叶、皱缩种子出现 1/16。

2. 独立分配现象的解释

现在用基因的行为同时结合染色体来解释这个现象。分别用 R 和 r 代表圆粒与皱粒种子的基因，Y 与 y 代表黄色子叶与绿色子叶的基因，基因存在于细胞核里的染色体上，且 Y-y 与 R-r 分别位于不同对的同源染色体上。在减数分裂的时候，首先是同源染色体的配对联合，然后各自进行分离，不同对的染色体进行随机的组合。上面的杂交例子可以这样来看：

F_2 的基因型如表 1-3 所示。

表 1-3　F_2 基因型

♀　　♂	YR	Yr	yR	yr
YR	YYRR 黄圆	YYRr 黄圆	YyRR 黄圆	YyRr 黄圆
Yr	YYRr 黄圆	YYrr 黄皱	YyRr 黄圆	Yyrr 黄皱
yR	YyRR 黄圆	YyRr 黄圆	yyRR 绿圆	yyRr 绿圆
yr	YyRr 黄圆	Yyrr 黄皱	yyRr 绿圆	yyrr 绿皱

以上雌雄各产生 4 种配子，请注意决定子叶颜色的基因和决定种子形状的基因能够互相组合。共有 16 种组合、9 种基因型、4 种表现型。这个遗传学解释可以用测交法加以验证，经用隐性亲本测交，证明 F_1 确实产生了 4 种配子：

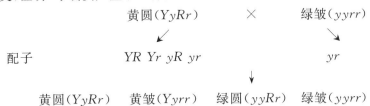

(二)自由组合规律及其应用

1. 自由组合规律及其实质

由两对等位基因控制的两对相对性状的遗传规律是：亲本是两个纯合体，杂交后 F_1 全部是杂合体，表现显性性状；F_1 减数分裂时两对不同对的基因的分离互相不干扰，独立分配且能够随机地进行自由组合。F_1 产生 4 种配子，16 种配子的组合方式；F_2 群体中有 9 种基因型、4 种表现型，其比例为 9：3：3：1。

自由组合规律的实质是控制两对或两对以上相对性状的基因必须位于不同对的同源染色体上，这样才能保证同一对等位基因的分离，不同对基因的自由组合。

2. 自由组合规律的应用

自由组合规律是在一对性状分离规律的基础上展开的，它揭示了不同对基因之间的独

立分配关系:

(1)在马铃薯及相关作物的育种中,要注意亲本的优缺点互补。现在中国北方马铃薯主产区病毒性疫病是一个严重影响其产量的限制性因素,为了培育抗病品种,应该选择父母本都有一定抗病性的亲本,只有这样才能在其后代中选育出优良的抗病品种。对于马铃薯栽培品种,如繁育其实生苗,必将出现广泛的分离。同样应注意其他花卉园艺植物在品种繁育过程中出现杂交,防止其品种退化。

(2)可以预估为了培育出需要的类型,最起码要创造多大的后代选育群体数量。例如,马铃薯的一个品种是生长期长抗腐烂病($ccRR$),另外一个品种是生长期短不抗病($CCrr$),现在希望利用这两个品种培育一个生长期短的抗病品种。那么用以上的两个纯种杂交,想要在杂种第二代中选出生长期短抗病的纯种 100 株,F_2 需要多大的群体?

生长期长抗腐烂病($ccRR$)× 生长期短不抗病($CCrr$)

↓

生长期短抗腐烂病($CcRr$)

↓ ⊗

F_2 群体中只有 1/16 是纯合生长期短、抗腐烂病的植株,要想得到 100 株,显然 F_2 群体至少得有 1600 株。

(三)多对相对性状的遗传

如前所述,生物体总是把所有的性状同时遗传给后代,在解决了一对和两对相对性状的遗传后,现在需要考虑三对和三对以上相对性状的杂交情况,结果仍然符合独立分配规律。使用的材料仍然是豌豆:

P　红花黄子叶圆粒($CCYYRR$)× 白花绿子叶皱粒($ccyyrr$)

↓

F_1　　　　　　红花黄子叶圆粒($CcYyRr$)

↓ ⊗

在 F_1 红花黄子叶圆粒($CcYyRr$)自交时,雌雄各产生 8 种配子,受精时就有 64 种组合。F_2 群体中共有 27 种基因型、8 种表现型,它们的比例是 27:9:9:9:3:3:3:1,如表 1-4 所示。

表 1-4　豌豆三对遗传性状的杂交实验结果

基因型	基因型比例	表现型	表现型比例
$CCYYRR$	1		
$CCYyRR$	2		
$CCYYRr$	2		
$CcYYRR$	2	$C\_Y\_R\_$	27
$CCYyRr$	4	红花黄子叶圆粒	
$CcYYRr$	4		
$CcYyRr$	8		
$CcYyRR$	4		

续表 1-4

基因型	基因型比例	表现型	表现型比例
CCyyRR	1		
CCyyRr	2	C_yyR_	
CcyyRR	2	红花绿子叶圆粒	9
CcyyRr	4		
ccYYRR	1		
ccYyRR	2	ccY_R_	
ccYYRr	2	白花黄子叶圆粒	9
ccYyRr	4		
CCYYrr	1		
CCYyrr	2	C_Y_rr	
CcYYrr	2	红花黄子叶皱粒	9
CcYyrr	4		
CCyyrr	1	C_yyrr	
Ccyyrr	2	红花绿子叶皱粒	3
ccYYrr	1	cY_rr	
ccYyrr	2	白花黄子叶皱粒	3
ccyyRR	1	ccyyR_	
ccyyRr	2	白花绿子叶圆粒	3
ccyyrr	1	ccyyrr 白花绿子叶皱粒	1

随着杂交亲本相对性状的增加其后代的分离现象更加复杂,但却是有规律的。

基因对数与基因型种类、表现型种类和比例的关系如表 1-5 所示。

表 1-5　基因对数与基因型种类、表现型种类和比例的关系

基因对数	F_1 配子种类	F_1 配子可能组合数	F_2 基因型种类	F_2 表现型种类	F_2 表现型比例
1	2	4	3	2	$3:1$
2	4	16	9	4	$(3:1)^2$
3	8	64	27	8	$(3:1)^3$
...	...	...	...	...	...
n	2^n	4^n	3^n	2^n	$(3:1)^n$

三、基因互作——孟德尔定律的发展

基因互作是指由于同一个生物体内等位基因或非等位基因的相互作用而导致新的表现型的出现。

（一）等位基因之间的互作

1. 显性作用的相对性

上面所举的有关分离规律的例子,所选亲本一方是显性纯合,另一方为隐性纯合,杂种第一代为杂合体,都表现显性性状,这属于完全显性,事实上在不少杂交的例子中并不符合这个情况。

（1）不完全显性

两个纯合体杂交,F_1表现父母本的中间性状,这种情况称为不完全显性。如金鱼草花色的遗传,用深红花杂交白花,F_1为粉红花,F_2中深红花占 1/4,粉红花占 2/4,白花占 1/4。此外还有很多这方面的例子,如日本报春花的叶形、香石竹的花瓣、金鱼身体的透明遗传等。

（2）共显性

有一种病叫做地中海贫血症,也叫镰型细胞贫血症,它是由隐性基因纯合导致的。这种病人的血液中红血球发育不完善,不具有正常的携氧功能,所以表现出口唇发绀等一系列缺氧的贫血症状。一个正常人与一个贫血病人结婚,他们子代的血液中既有正常红细胞,又有镰刀型红细胞,如图 1-4 所示,表现出共显性。

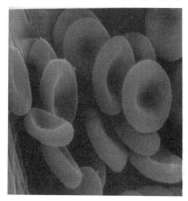

图 1-4　正常红细胞与镰刀型红细胞

（3）超显性

F_1的性状表现超过双亲的现象叫超显性。此外,必须清楚,生物体的性状表现既和基因有关,又与环境条件是密不可分的。

2. 复等位基因

复等位基因是指控制单位性状的基因有三个或三个以上。比如人的 ABO 血型系统一共有 O 型血、A 型血、B 型血和 AB 型血,在需要输血的时候最好是输同型的鲜血,这是因为输非同型血时,抗原抗体会凝结而导致出现凝血这一严重的生理反应,临床上的后果十分严重。这四种血型涉及的三个复等位基因为 I^A、I^B 和 i,I^A 和 I^B 共显性,它俩对 i 表现显性。A 型血的基因型有两种:$I^A I^A$ 和 $I^A i$,B 型血的基因型也有两种:$I^B I^B$ 和 $I^B i$,AB 型的基因型是 $I^A I^B$,O 型血的基因型为隐性纯合的 ii。虽然说决定 ABO 血型系统的基因有三个,但是对于每一个具体的人来讲只能有其中两个。

（二）非等位基因的互作

生物体中由一对基因控制一对相对性状的发育的现象为一因一效。但在客观上,生物体的性状发育和基因之间的关系往往很复杂。有多因一效,如数量性状的发育,玉米穗长的遗传通常涉及两对以上的非等位基因;还有一因多效,如决定豌豆花色的基因 R,它既决定植株开红花,同时在叶腋部位有黑斑,种皮颜色也比较深。

1. 互补作用

两对独立遗传的非等位基因在纯合显性或杂合状态时共同决定一种性状的发育;其他情况是另外一种性状。也就是说当非等位的两种显性基因存在于一个个体时表现一种性状,其他情况时是另外一种性状。例如,香豌豆的两个白花品种杂交,F_1 开紫花,F_1 自交后在 F_2 中有 9/16 开紫花,7/16 开白花。

$$P \qquad 白花(CCpp) \times 白花(ccPP)$$
$$\downarrow$$
$$F_1 \qquad 紫花(CcPp)$$
$$\downarrow \otimes$$
$$F_2 \quad 9\ 紫花(C\_P\_):7\ 白花(3C\_pp+3ccP\_+1ccpp)$$

2. 积加作用

两对非等位的基因共同控制一种性状,当两种显性基因同时存在于一个个体时表现一种性状,一个个体只具有一种显性性状时为一种性状,当一个显性基因也没有时表现的是另外的一种性状。例如,美国南瓜具有不同的果型:扁盘型、圆球形和长圆形。两个圆球形南瓜杂交,F_1 为扁盘型,F_1 自交繁殖出的 F_2 里有 9 份扁盘型、6 份圆球形,还有 1 份长圆形。

$$P \qquad 圆球形(AAbb) \times 圆球形(aaBB)$$
$$\downarrow$$
$$F_1 \qquad 扁盘型(AaBb)$$
$$\downarrow \otimes$$
$$F_2 \quad 9\ 扁盘型(A\_B\_):6\ 圆球形(3A\_bb+3aaB\_):1\ 长圆形(aabb)$$

3. 重叠作用

两对非等位基因共同控制一种性状,当在一个个体中同时具有两种显性基因时,不论有几个,只表现一种性状,其他的则表现另外一种性状。例如,芥菜一般结三角形蒴果,极少数结卵形蒴果。这两种植株杂交时,F_1 全结三角形蒴果,F_2 结 15/16 的三角形蒴果,1/16 的卵形蒴果。

$$P \qquad 三角形(T_1T_1T_2T_2) \times 卵形(t_1t_1t_2t_2)$$
$$\downarrow$$
$$F_1 \qquad 三角形\ T_1t_1T_2t_2$$
$$\downarrow \otimes$$
$$F_2 \quad 15\ 三角形(9T_1\_T_2\_+3T_1\_t_2t_2+3t_1t_1T_2\_):1\ 卵形(t_1t_1t_2t_2)$$

4. 显性上位作用

两对独立遗传的基因共同决定一种性状的发育,其中一对基因的显性基因对另一对基因的表现有遮盖作用,这就叫显性上位作用。例如,西葫芦中有白果皮、黄果皮和绿果皮,其基因分别为 W(白色)-w(绿色)、Y(黄色)-y(绿色)。W 这个基因是显性的,它的直接作用是使果皮形不成色素,所以有它时是绝不会有任何果皮颜色的。Y 对 y 显性,它能使瓜皮带黄色。

P 　　　　　　　　白皮($WWYY$)×绿皮($wwyy$)

$$\downarrow$$

F_1 　　　　　　　　白皮($WwYy$)

$$\downarrow \otimes$$

F_2　12 白皮($9W\_Y\_+3W\_yy$)：3 黄皮($wwY\_$)：1 绿皮($wwyy$)

5. 隐性上位作用

在两对互作的非等位基因中,其中一对基因的隐性基因在纯合时对另一对基因的表现有遮盖作用,这种现象叫隐性上位作用。要注意,上位作用是发生于非等位的基因之间,一种基因遮盖另一种基因。例如,萝卜有红色和白色的区别,C-c 等位,C 能够形成基本色泽,c 不能形成色泽;Pr-pr 等位,Pr 表现紫色,pr 表现红色。

P 　　　　　　　红萝卜($CCprpr$)× 白萝卜($ccPrPr$)

$$\downarrow$$

F_1 　　　　　　　　紫色($CcPrpr$)

$$\downarrow \otimes$$

F_2　9 紫色($C\_Pr\_$)：3 红色(C_prpr)：4 白色($3ccPr\_+ccprpr$)

6. 抑制作用

在两对独立遗传基因中,其中一对基因的显性基因对另一对基因的表现起到抑制作用而其本身没有直接控制的性状。例如,玉米胚乳蛋白质层的颜色杂交涉及 C-c 和 I-i ,I 是抑制基因,有它时 C-c 的作用表现就受到抑制。

P 　　　　白色蛋白层($CCII$)× 白色蛋白层($ccii$)

$$\downarrow$$

F_1 　　　　　　　　白色($CcIi$)

$$\downarrow$$

F_2　13 白色($9C\_I\_+3ccI\_+ccii$)：3 有色(C_ii)

它和显性上位的作用机理不同,显性上位的遮盖基因本身仍然控制着对应的性状。

以上 6 种基因的互作形式,其共同的特点就是两对非等位基因共同决定一对相对性状的发育,这两对基因的行为仍然符合自由组合规律,F_2 的基因型分离比为 9：3：3：1。

四、连锁和交换

以上讨论的独立分配规律的遗传行为必须有一个大前提,即研究的两对非等位基因位于不同对的两对同源染色体上。事实上,一个生物体细胞核里包含的染色体数目是有限的,比如玉米体内只有 20 条,果蝇只有 8 条,人类有 46 条,但是基因的数量很多,如人类大约有 3.5 万多个基因。所以一条染色体上往往有多个基因,而这些基因的自由度不大,经常是跟着同时行动。2 个或 2 个以上基因随所在染色体一起遗传的方式叫连锁遗传。遗传学中把位于一条染色体上的基因叫一个连锁群。一个物种有多少对同源染色体就有多少个连锁群。

贝特森等首先在香豌豆的杂交中发现了连锁遗传现象:他以紫花长花粉杂交红花圆花粉,在 F_2 代中并没有出现 9：3：3：1 的分离比。美国遗传学家摩尔根以果蝇为材料进行的研究发现并确立了经典遗传学的第三大定律——连锁遗传规律。

(一)连锁遗传现象

1. 不完全连锁

贝特森看到孟德尔相关的杂交资料后,就以香豌豆为材料进行了杂交实验。他选用的亲本中一个是开紫花长形的花粉,另一个是开红花圆形的花粉,紫花与红花是一对相对性状,且紫(P)对红(p)是显性的;长花粉与圆花粉是一对相对性状,且长(L)对圆(l)是显性的。

实验一:

$$P \qquad 紫长(PPLL) \times 红圆(ppll)$$
$$\downarrow$$
$$F_1 \qquad\qquad 紫长(PpLl)$$
$$\downarrow \otimes$$
$$F_2 \quad 紫长(P\_L\_) \quad 紫圆(P\_ll) \quad 红长(ppL\_) \quad 红圆(ppll)$$

在 F_2 代中出现了四种表现型,但并没有出现 9 : 3 : 3 : 1 的比例,实际个体数为紫长4831、紫圆390、红长393、红圆1338。

从这个例子可以看到,在 F_2 代中性状重组型的个体的数目明显减少,而亲本所具有的性状组合的个体数目明显加大。按照自由组合规律,双隐性的红圆个体应当是最少的,仅占 1/16 才对,但是这类个体竟然出现了 1338 个,这就充分说明在这个例子中相关的性状遗传并不符合孟德尔的自由组合规律。

实验二:

$$P \qquad 紫圆(PPll) \times 红长(ppLL)$$
$$\downarrow$$
$$F_1 \qquad\qquad 紫长(PpLl)$$
$$\downarrow \otimes$$

F_2	紫长($P\_L\_$)	紫圆(P_ll)	红长($ppL\_$)	红圆($ppll$)
实际数目	226	95	97	1
理论数目	235.8	78.5	78.5	26.2

显然这也不符合孟德尔的遗传规律。遗传学上把两个显性性状结合在一起去杂交两个隐性性状结合在一起的个体的组合叫相引组;一个显性性状结合一个隐性性状去杂交另一个显性性状结合隐性性状的个体的组合叫相斥组。实验一为相引组,实验二为相斥组。在以上的两个杂交组合中,共同体现出的是亲本具有的性状组合有联系在一起遗传的趋势,这种现象就是连锁遗传。连锁遗传的实质是:亲本性状组合的基因位于一对同源染色体上,因此在形成配子时四种配子的比例不均等,亲型配子多,重组型的配子则少得多。但是有这样一个问题:如果位于一对同源染色体上的基因(比如 $A\text{-}B$)彻底分不开,就不会形成重组型的配子,也就根本不会出现性状重组的后代。在以上的两个例子中,F_2 代重组合虽然出现得少,但还是出现了,遗传学上称这种现象为不完全连锁。

2. 完全连锁

1910 年,美国遗传学家摩尔根以果蝇为材料进行了研究,已知灰身(B)对黑身(b)为显性,长翅(V)对残翅(v)为显性,他的杂交情况如下:

$$P \qquad 灰身长翅（BBVV）\times 黑身残翅（bbvv）$$

$$\downarrow$$

$$F_1 \qquad 灰身长翅（BbVv）\times 黑身残翅（bbvv）$$

$$\downarrow$$

$$回交后代 \qquad 灰身长翅（BbVv）\qquad 黑身残翅（bbvv）$$

在这个例子中，后代没有出现重组型的个体，这是一种完全连锁的现象。事实上，一条染色体上的所有基因组成了连锁群，它们自然地总是联系在一起行动。完全连锁的两个非等位基因彼此离得很近，不容易分开。如果两个非等位基因离得比较远，那就非常有可能在中间发生断裂，进而发生交换，形成重组型的配子，最终出现性状重组的子代个体。

（二）交换值及其意义

1. 交换值的概念

交换值又称重组率，是指重组型配子占总配子的比例，即：

$$交换值＝重组型配子数÷总配子数\times 100\%$$

2. 交换值的测定

交换值的测定方法有两种。

测交法：首先选两个纯合亲本杂交出杂种 F_1，再以 F_1 与双隐性亲本交配。因为双隐性亲本只产生一种带有隐性基因的配子，它遇到什么样的配子就表现那个配子所携带的基因，从而准确地反映出 F_1 形成的配子中产生了什么样的配子、有多少。例：已知玉米籽粒有色（C）对无色（c）为显性，饱满（B）对凹陷（b）为显性。现以有色、饱满的纯种与无色、凹陷的双隐性纯种杂交获得 F_1，然后以 F_1 与双隐性亲本测交，结果如下：

$$P \qquad CCBB \times ccbb$$

$$\downarrow$$

$$F_1 \qquad CcBb \times ccbb$$

$$\downarrow$$

F_2	$CcBb$	$Ccbb$	$ccBb$	$ccbb$
实得粒数	4032	149	152	4035

重组型配子为 Cb 和 cB，总数＝149＋152＝301。

总配子数＝4032＋149＋152＋4035＝8368

$$交换率＝\frac{301}{8368}\times 100\%＝3.6\%$$

自交法：利用自交法测算交换率比测交法要复杂。对于完全显性基因，纯合体和杂合体在表现型上没有区别。和独立分配一样，两对基因连锁的杂合体在不完全连锁的情况下也形成 4 种配子，但是 F_2 的 4 种表现型比例就明显不符合 9∶3∶3∶1 的自由组合比例，亲组合多而重组合明显少。

（三）连锁遗传规律的应用

（1）将基因定位在染色体上。连锁遗传现象证实基因是在染色体上且呈直线排列。

（2）通过测定交换值完全可以确定基因间的相对距离。基因在染色体上，染色体存在于细胞的胶体溶液中，一条染色体上通常排列着许多基因，这些基因彼此之间的相对距离就是通过彼此的交换率来衡量的。两个基因之间的交换率越大，反映的是彼此间的距离越远；交换率越小,说明两基因间的距离越小,因为距离小就难以在彼此间形成断离和错接。

(3)根据连锁强度,预估杂交后代群体的大小。杂交的目的就在于综合双亲的优良性状,创造出需要的性状重组个体。事实上,可以利用的杂交材料往往既有优点又有缺点,在具体的育种工作中许多性状是连锁的,要想得到足够的理想类型,就需要慎重考虑有关性状的连锁强度,有计划地安排杂种群体的大小。

例如:水稻中抗病基因 Pt 与不抗病基因 pt 等位,晚熟基因 Lm 与早熟基因 lm 等位,且 Pt 与 Lm 均为完全显性基因,这两对非等位基因是连锁遗传的,交换率为2.4%。现用以下两个亲本杂交,计划在 F_3 选育出抗病早熟的5个纯合植株,问 F_2 群体至少要种植多少株?

$$P \quad 抗病晚熟(PtPtLmLm) \times 感病早熟(ptptlmlm)$$
$$\downarrow$$
$$F_1 \qquad\qquad 抗病晚熟(PtptLmlm)$$
$$\downarrow \otimes$$
$$F_2$$

F_2 的基因型如表1-6所示。

表1-6 F_2 基因型

♂ \ ♀	$PtLm$ 48.8%	$ptlm$ 48.8%	$Ptlm$ 1.2%	$ptLm$ 1.2%
$PtLm$ 48.8%	$PtPtLmLm$	$PtptLmlm$	$PtPtLmlm$	$PtptLmLm$
$ptlm$ 48.8%	$PtptLmlm$	$ptptlmlm$	$Ptptlmlm$	$ptptLmlm$
$Ptlm$ 1.2%	$PtPtLmlm$	$Ptptlmlm$	$PtPtlmlm^*$	$Ptptlmlm$
$ptLm$ 1.2%	$PtptLmLm$	$ptptLmlm$	$Ptptlmlm$	$ptptLmLm$

表1-6中,标 * 号的个体为所需要的抗病早熟纯合体,其出现的频率为 $1.2\% \times 1.2\% = 0.000144$,说明 F_2 的群体至少需要3.5万株才能够获得5株需要的抗病早熟纯合体。

(4)利用性状相关的关系可以提高选择效率。有许多性状表现连锁的关系,根据连锁的相关性进行选择有时是可节省时间和土地的。另外,不少生物苗期的性状表现与中壮龄的性状表现直接相关,例如桃树在苗期时叶色表现紫红且较早落叶,往往成年期较抗寒。

(5)根据连锁强度和育种目标选择适宜的育种方法。对于一些连锁强度大的基因,而不需要其在一起时,有效的方法是用核辐射打断染色体,进而进行有效重组。

任务三　细胞质遗传和植物雄性不育

一、细胞质遗传的概念

前述的所有遗传现象的大前提是细胞核基因遗传。根据解剖学理论,无论雌性还是雄性的配子都将遗传给下一代各占二分之一的染色体,也就是杂种后代将继承父母本各二分之一的细胞核基因。但是个体的发育是从受精卵经过不断地有丝分裂而成的,由一个细胞变为两个细胞,细胞分裂的速度是依照 2^n 方式进行的。事实上在遗传的时候除了细胞核同时还有细胞质的遗传。我们发现,精卵结合的时候是由母本遗传了几乎全部的细胞质。细胞质里有内质网、线粒体、质体等细胞器,它们几乎都含有或多或少的环形的DNA,这是遗传物质。这种由细胞质基因决定的遗传现象和遗传规律叫做细胞质遗传。

德国遗传学家柯伦斯(Corrence)在进行相关杂交的时候选用的一种材料是紫茉莉。正常紫茉莉显然是绿色的,但是他发现了花斑植株:在这种植株上,绿色枝条、白色枝条和花斑枝条都有。他选用这种植株作为母本,分别授予不同的花粉,结果如表1-7所示。

表1-7　柯伦斯进行的紫茉莉实验

接受花粉枝条♀	提供花粉枝条♂	F_1 植株的性状
白色枝条	白色 绿色 花斑	白色
绿色枝条	白色 绿色 花斑	绿色
花斑枝条	白色 绿色 花斑	花斑、绿色、白色

从这个实验可以看出,不管父本如何,其结果只受母本的影响。

二、细胞质遗传的特点

正交和反交的遗传表现不同,F_1 通常只表现母本的性状,所以也称母性遗传。遗传方式不符合孟德尔基本定律,杂交后代不表现一定的分离比例。

造成这种现象的原因,实质上在于父母本交配繁殖后代时提供给后代的生殖细胞的差异。各种植物的花粉提供的精子是精核参与受精,基本上不对后代提供任何细胞质;而雌性的卵细胞从个头上来讲比精子大得多,受精时卵子不仅给后代提供一半的细胞核染色体,而且提供几乎全部细胞质。细胞质里有许多细胞器——进行呼吸的线粒体、光合的叶绿体等,它们都含有DNA,是能够执行一些遗传任务的。这样,由细胞质决定的一些遗传现象就只能通过母本来进行。

三、细胞质基因与细胞核基因的关系

(一)细胞质基因与细胞核基因的比较
细胞质与细胞核是一个系统的两个部分,彼此协调,在遗传上其遗传物质均是DNA。
共同点:
(1)都可以自我复制并有一定的稳定性与连续性。
(2)都能够通过蛋白质的合成进而控制性状的发育。
(3)都能够发生突变且稳定地遗传给后代。
不同点:
(1)核基因所在的DNA的相对分子质量非常大,呈盘绕折叠链状;细胞质基因的DNA往往相对分子质量很小且呈环状。

（2）核基因对于子代来讲父母本各提供一半,而细胞质基因一般只通过卵子传递。

（3）细胞质基因在遗传给子代的时候是随机的,没有一个准确的规律。因此我们经常看到在细胞质遗传的时候表现出花斑一类的性状。

（4）在人工诱导的条件下细胞质基因的突变率明显提高。

（二）细胞质基因与细胞核基因的关系

它们既独立又有联系。独立,是指一个在细胞核里,一个在细胞质里,各自履行着自己的职能;联系,是指许多遗传现象中核基因与细胞质基因相互协调;草履虫放毒型的遗传就是在核基因与卡巴粒的作用下进行的,还有植物雄性不育的遗传,将在后叙内容中介绍。

四、植物雄性不育的遗传

雄性不育是植物界广泛存在的一种现象,已知至少在43个科162个属的617个植物种中存在。雄性不育的现象是雄性花器发育畸形,不能形成花粉等。这种现象本身对于植物没有好处,但是对于人类育种工作却提供了难得的杂交手段。因为在杂交育种的时候首先要保证母本不能自交,这样就遇到去雄的问题,而去雄这项工作往往费时、费力,劳动强度很大。雄性不育发生的机理有三种:细胞核基因导致的、细胞质基因导致的和质核相互作用导致的。

（一）细胞核雄性不育

这种雄性不育的发生受控于细胞核的一对呈完全显性的等位基因 $Ms\text{-}ms$,Ms 为可育,ms 为不育。

$$P \quad 雄性不育(msms) \times 雄性可育(MsMs)$$
$$\downarrow$$
$$F_1 \qquad\qquad Msms$$
$$\downarrow \otimes$$
$$F_2 \qquad 1MsMs：2Msms：1msms$$
$$\qquad\quad 可育 \quad 可育 \quad 不育$$

从以上的杂交例子可以看出,细胞核不育不能够始终保持,杂交后会出现分离,而且不育植株只有在开花时才能区别出来,所以,这种雄性不育在生产上很难加以利用。

（二）细胞质雄性不育

这种雄性不育的发生是由细胞质里的基因导致的,所以表现为母性遗传。以细胞质不育个体作母本,与正常的植株作为父本进行杂交,F_1 全部为雄性不育。

$$P \quad 雄性不育(S) \times 雄性可育(N)$$
$$\qquad ♀ \qquad\qquad ♂$$
$$\downarrow$$
$$F_1 \qquad 雄性不育(S)$$

由于其育性难以恢复,因此生产上不好利用。

（三）质核互作雄性不育

这种雄性不育受细胞质基因与细胞核基因的共同影响,细胞核基因是一对等位基因 $R\text{-}r$,显性 R 决定可育,r 为隐性不育;细胞质基因 N 为可育,S 为不育。质核互作雄性不育在生产上是被广泛应用且极具价值的不育体系,在玉米、高粱等的大面积优良杂种的制种生产中创造着巨大的效益。

这种不育体系呈三系配套的方式:$S(rr)$是不育系,它只能作母本,本身雄花败育,生产上把它与父本隔行种植就能生产大量的种子,省去了繁杂而费时、费力的去雄工作。不育系年年用,年年得有,所以每年都需要生产不育系。在不育系的生产上就用到了雄性不育保持系 $N(rr)$,它是可育的,把它和不育系隔行种植,在不育系上就能生产大量的雄性不育系种子。$S(RR)$、$N(RR)$称为恢复系,用它和不育系杂交,所有的后代都是雄性可育的。

 思考与练习

1. 名词解释:

单位性状　　相对性状　　等位基因　　复等位基因　　完全显性　不完全显性

杂合体　　纯合体　　完全连锁　　不完全连锁　　交换率　　细胞质遗传

雄性不育　　同源染色体　　基因型　　表现型

2. 在番茄中,红果(R)对黄果(r)为显性,下列杂交方式中F_1有哪些基因型、表现型?比例如何?

(1)$Rr \times rr$　　　　　　(2)$RR \times rr$　　　　　　(3)$Rr \times Rr$

3. 紫茉莉的红花对白花为不完全显性,F_1表现粉色,以下杂交组合中F_1的基因型和表现型有哪些? 比例如何?

(1)$RR \times Rr$　　　　　　(2)$Rr \times rr$　　　　　　(3)$Rr \times Rr$

4. 请写出以下基因型个体所产生的配子。

(1)$AABb$　　　　　(2)$AaBbNn$　　　　　(3)$aaBBCCDd$　　　　　(4)$AaBb$

5. 在南瓜中,果实的盘状(D)对球状(d)是显性的,果实的白色(W)对黄色(w)是显性的,这两对基因呈自由组合状态。以下杂交组合中F_1能形成什么基因型、表现型? 比例如何?

(1)$WwDD$(白盘)$\times wwdd$(黄球)　　　　　　(2)$wwDd$(黄盘)$\times WWDd$(白盘)

(3)$WwDd$(白盘)$\times wwDD$(黄盘)

6. 牵牛花中,红花(R)对白花(r)为显性,阔叶(L)对窄叶(l)为显性,现以红花阔叶($RrLl$)与某一牵牛花杂交,F_1代的表现型及比例如下:3 红阔:3 红窄:1 白阔:1 白窄。请分析该植株的基因型及表现型。

7. 在番茄中,缺刻叶(Q)对马铃薯叶(q)为显性,紫茎(P)对绿茎(p)为显性。现有以下杂交组合,请写出其后代的基因型、表现型及比例。

(1)$qqPp$(马铃薯叶紫茎)$\times Qqpp$(缺刻叶绿茎)

(2)$QqPp$(缺刻叶紫茎)$\times QQpp$(缺刻叶绿茎)

8. 已知ABO血型系统中涉及三个复等位基因i、I^A、I^B。请回答如下问题:①母亲为A型血,父亲为B型血,能生下O型血的儿女吗? 为什么? ②假如一对夫妇生下两个子女,一个为A型血,另一个为B型血,请分析夫妇双方可能的血型及基因型。

9. 在玉米中,有色(C)对无色(c)为显性,饱满(SH)对凹陷(sh)为显性。现以有色饱满纯种与无色凹陷纯种杂交,其后代为有色饱满($CcSHsh$),以此有色饱满($CcSHsh$)$\times$无色凹陷($ccshsh$),结果如下:

(1)有色饱满 480　　　(2)无色凹陷 485　　　(3)有色凹陷 17　　　(4)无色饱满 20

请问这属于连锁遗传吗？交换率是多少？

10. 什么是细胞质遗传？细胞质遗传有何特点？

11. 雄性不育有几种类型？生产上是如何利用质核互作不育型的？

项目二　数量性状遗传和杂种优势

知识目标

1. 了解农作物在生产上广泛存在的数量性状遗传的一般表现及变异特点。
2. 了解并初步掌握数量性状遗传的遗传机制与遗传规律。

任务一　数量性状遗传

一、数量性状的遗传特点

自然界许多动植物的性状,如豌豆的花色、子叶的颜色,相对性状之间有明显的质的区别。豌豆花非红即白,相对性状之间没有过渡颜色;子叶不是黄的就是绿的,相互之间的区别十分明显。这种相对性状之间有明显的界限、表现不连续的变异性状称为质量性状。一般情况下质量性状是受一对或几对基因的控制,遗传方式表现典型的孟德尔遗传规律,不容易受环境的影响。

除了以上谈到的遗传性状以外,许多性状的一个明显特征就是表现变异的连续性。马铃薯淀粉的含量、品质等,小麦的出苗期、拔节期、抗性、产量等,往往表现的是呈连续性的变异。就拿小麦的成熟期来讲,很难说短生长期需要90d,长生长期需要120d,事实上小麦的生长期只是一个平均数字,种下去的小麦究竟需要生长多长时间,一方面要看其遗传性,另一方面受环境的影响也极大。现在再看玉米的例子,选择的杂交组合是长穗玉米杂交短穗玉米,长穗玉米亲本的穗长平均为16.80cm,短穗的平均穗长为6.63cm,具体杂交情况如表2-1所示。

表 2-1　玉米穗长杂交实验

频　数＼长度(cm)＼世代	5	6	7	8	9	10	11	12	13	14	15	16	17	18	19	20	21	总数	平均穗长(cm)
短穗亲本	4	21	24	8														57	6.63
长穗亲本									3	11	12	15	26	15	10	7	2	101	16.80
F_1					1	12	12	14	17	9	4							69	12.12
F_2				1	10	19	26	47	73	68	68	39	25	15	9	1		401	12.89

从表2-1的杂交数据可以看到:①双亲及 F_1 和 F_2 的穗长都不是一个固定的数值,就以长穗亲本来看,它的穗长是13～21cm,在这个范围内穗长呈连续分布,各个长度都有。②两个亲本的穗长平均值相差很大,这说明两个亲本都是能够稳定遗传的。③ F_1 的穗长介于双

亲之间,相比 F_2 的变异幅度要小,理论上 F_1 所有个体的基因型是一致的,所以其变异是环境导致的。④F_2 穗长的平均值同样介于双亲之间,也与 F_1 近似,但其变异范围远比双亲及 F_1 要大得多,说明 F_2 个体的参差不齐既有环境导致的,也有遗传基因导致的。

这样就能总结以下数量性状的遗传特征:①数量性状的变异是连续的;②数量性状非常容易受环境的影响。但是要注意,有些性状有时表现为数量性状的遗传,但有时又表现为质量性状的遗传。以小麦的籽粒颜色遗传为例:小麦籽粒颜色有红的也有白的,以红色籽粒杂交白色籽粒,在受一对基因控制时其遗传动态表现为质量性状的遗传,F_1 表现显性的红色,F_2 显隐性的分离比是 3:1。但小麦籽粒的颜色受 3 对基因的控制时,完全表现为数量性状的遗传。有时数量性状和质量性状有重叠的现象,例如在玉米中,以正常高度玉米杂交矮玉米,子一代全部表现正常,子一代自交繁育出来的子二代中正常高度的玉米与矮玉米的分离比是 3:1,但是 F_2 中正常高度的玉米并不是一样高,而是参差不齐地表现连续的变异,在 F_2 的矮玉米中也有同样的表现,这一点完全是数量性状的特点。

二、数量性状的遗传机理——微效多基因假说

以上举了一些例子用以说明数量性状的遗传现象,以玉米穗长为例,长穗和短穗彼此是没有显隐性的区别的,这一类的性状遗传不符合经典的孟德尔遗传规律。为此,瑞典人尼尔逊-埃尔(Nilsson-Ehle)以小麦的粒色为研究材料进行了多年的研究,结合传统的遗传理论,提出了微效多基因假说,后来经过 East 等人的补充,从而确立了关于数量性状的遗传理论。

(一)小麦粒色的遗传实验

尼尔逊-埃尔在对小麦粒色的研究中发现红粒色杂交白粒色,在不同品种的组合中出现了不同的情况。

实验一:3:1 的分离比。

$$P \quad 红籽粒 \times 白籽粒$$
$$\downarrow$$
$$F_1 \quad 红籽粒$$
$$\downarrow \otimes$$
$$F_2 \quad 3\ 红籽粒:1\ 白籽粒$$

在这个杂交例子中,表现的是典型的一对基因的分离现象,再进一步观察,发现在 F_2 的红籽粒中色泽深浅不一样,大约 30% 是红的,70% 的颜色浅一些。在 F_2 群体中,红:浅红:白的比例是 1:2:1。

实验二:15:1 的分离比。

$$P \quad 红籽粒 \times 白籽粒$$
$$\downarrow$$
$$F_1 \quad 粉红籽粒$$
$$\downarrow \otimes$$
$$F_2 \quad 15\ 红籽粒:1\ 白籽粒$$

在 15 份红籽粒中色泽深浅不一样。首先给出数量性状的微效多基因理论:

(1)数量性状同样受有关基因的控制,这些基因符合遗传的三大经典定律,每个基因的效应是微小的、独立的、相等的。

（2）各基因的效应是累加的。

（3）控制数量性状的基因没有明显的显隐性区别，有效基因不掩盖无效基因的表现。习惯上把有效基因写成大写字母，把无效基因写成小写字母。

（4）数量性状非常容易受环境的影响。

再来看上面举的第二个例子：该实验是以红籽粒杂交白籽粒，这个例子是受两对基因的控制。

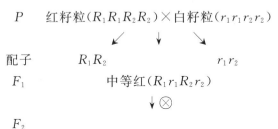

F_2 的基因型如表 2-2 所示。

表 2-2　F_2 基因型

配子	R_1R_2	R_1r_2	r_1R_2	r_1r_2
R_1R_2	$R_1R_1R_2R_2$ 深红	$R_1R_1R_2r_2$ 次深红	$R_1r_1R_2R_2$ 次深红	$R_1r_1R_2r_2$ 中红
R_1r_2	$R_1R_1R_2r_2$ 次深红	$R_1R_1r_2r_2$ 中红	$R_1r_1R_2r_2$ 中红	$R_1r_1r_2r_2$ 淡红
r_1R_2	$R_1r_1R_2R_2$ 次深红	$R_1r_1R_2r_2$ 中红	$r_1r_1R_2R_2$ 中红	$r_1r_1R_2r_2$ 淡红
r_1r_2	$R_1r_1R_2r_2$ 中红	$R_1r_1r_2r_2$ 淡红	$r_1r_1R_2r_2$ 淡红	$r_1r_1r_2r_2$ 白色

对上面的数据进行整理，汇总如表 2-3 所示。

表 2-3　小麦粒色遗传实验 F_2 代 15∶1 分离

基因型及频数	R 基因数目	表现型	表现型比例
$1R_1R_1R_2R_2$	$4R$	深红	1
$2R_1r_1R_2R_2$ $2R_1R_1R_2r_2$	$3R$	次深红	4
$1R_1R_1r_2r_2$ $4R_1r_1R_2r_2$ $1r_1r_1R_2R_2$	$2R$	中红	6
$2R_1r_1r_2r_2$ $2r_1r_1R_2r_2$	$1R$	淡红	4
$1r_1r_1r_2r_2$	$0R$	白色	1

由此可见，实验结果与理论推导是完全一致的，这说明数量性状在遗传上受多个基因的控制的假说是成立的，有效基因 R 在一个个体中累积的越多，其颜色也就越红，所以色泽的深浅取决于有效基因的累加数。但是，就决定数量性状的基因来讲，其作用是微效的、相等的、累加的。以下再看另一个相关的杂交：

$$P \quad \text{红粒} \times \text{白粒}$$
$$\downarrow$$
$$F_1 \quad \text{粉红}$$
$$\downarrow \otimes$$
$$F_2 \quad 63\text{红}：1\text{白}$$

在 63 份红色籽粒中细加区分发现它们的深浅不同,有 1 份极深红,6 份深红,15 份次深红,20 份中红,15 份中淡红,6 份淡红,整个 F_2 比例实际上是 $1：6：15：20：15：6：1$。

从上述结果来看,不同组合的分离比是 $(1/2R + 1/2r)^{2n}$ 展开的系数,其中 R 和 r 是 F_1 产生的配子,n 是所涉及的基因对数。在植物杂交育种过程中,杂种后代往往出现超亲遗传,这种现象完全可用多基因学说来解释。例如,进行作物生长期的育种,分别采用了早熟 $(A_1A_1A_2A_2a_3a_3)$ 和晚熟 $(a_1a_1a_2a_2A_3A_3)$ 的两个亲本,F_1 的表现在双亲之间,由 F_1 自交繁育出的 F_2 中将会出现 $A_1A_1A_2A_2A_3A_3$ 的个体,它将比早熟亲本更加早熟,同样也会出现比晚熟亲本更加晚熟的品种。

(二)多基因效应的累加方式

数量性状的微效基因有累加作用,但是不同生物的不同性状、同一生物的同一性状在不同的发育期,这个累加效应的累加方式有所不同。具体来讲累加方式有两种,即按算术级数累加和按几何平均数累加。

1. 按算术级数累加

这种累加方式中 F_1 的性状表现值是两个亲本的算术平均值,在以后的世代中,不同的基因型值由基因效应的加减关系决定。

采用一种作物进行杂交,选择的高亲本 P_1 的平均高度为 $38cm$,矮亲本 P_2 的平均高度为 $2cm$,杂种 F_1 的高度是双亲的平均值 $20cm$。我们认为矮亲本是没有增效基因的,它的表现型值是一个基本值,而高亲本的表现型值里既有基本值又有增效值。现在以高亲本的表现型值减去低亲本的表现型值,这个差值就是由增效基因导致的。设基本基因以符号 a 代表,具有增效的基因以 A 表示,如果这个例子涉及两对基因,则杂种后代基因型及表现型的预期表现和出现频率可计算如下:

$$P \quad A_1A_1A_2A_2(38cm) \times a_1a_1a_2a_2(2cm)$$
$$\downarrow$$
$$F_1 \quad A_1a_1A_2a_2(38+2)/2 = 20cm$$
$$\downarrow \otimes$$
$$F_2$$

其中 F_2 的情况如表 2-4 所示。

表 2-4　F_2 的情况

♀ ＼ ♂	A_1A_2	A_1a_2	a_1A_2	a_1a_2
A_1A_2	$A_1A_1A_2A_2$	$A_1A_1A_2a_2$	$A_1a_1A_2A_2$	$A_1a_1A_2a_2$
A_1a_2	$A_1A_1A_2a_2$	$A_1A_1a_2a_2$	$A_1a_1A_2a_2$	$A_1a_1a_2a_2$
a_1A_2	$A_1a_1A_2A_2$	$A_1a_1A_2a_2$	$a_1a_1A_2A_2$	$a_1a_1A_2a_2$
a_1a_2	$A_1a_1A_2a_2$	$A_1a_1a_2a_2$	$a_1a_1A_2a_2$	$a_1a_1a_2a_2$

表中具有 4 个增效基因(A)的后代只有 1 个,具有 3 个增效基因的有 4 个,具有 2 个增效基因的有 6 个,具有 1 个增效基因的有 4 个,没有增效基因的有 1 个。

高亲本的高度是 38cm,从其中减去基本值(矮亲本高度值)2cm,36cm 的差值就是由高亲本的 4 个增效基因导致的,那么每个增效基因的效果就是 36/4＝9(cm)。由这样一个结果来推断,含有 3 个增效基因的个体高度就是 9×3＋2＝29(cm),含有 2 个增效基因的高度为 9×2＋2＝20(cm),含有 1 个增效基因的高度为 1×9＋2＝11(cm),一个增效基因也没有的高度为 0×9＋2＝2(cm)。

2. 按几何平均数累加

仍以上面的例子来说明几何平均数累加方式中后代理论表现型值的推算。

$$P \quad A_1A_1A_2A_2(38cm) \times a_1a_1a_2a_2(2cm)$$

$$\downarrow$$

$$F_1 \quad A_1a_1A_2a_2[(38\times2)^{1/2}=8.72cm]$$

$$\downarrow \otimes$$

F_2	$1A_1A_1A_2A_2$	$2A_1A_1A_2a_2$	$4A_1A_1A_2a_2$	$2A_1a_1a_2a_2$	$1a_1a_1a_2a_2$
		$2A_1a_1A_2A_2$	$1A_1A_1a_2a_2$	$2a_1a_1A_2a_2$	
			$1a_1a_1A_2A_2$		

有效基因数	4	3	2	1	0
出现频率	1/16	4/16	6/16	4/16	1/16
理论表现型值	$2\times2.09^4=38.16$	$2\times2.09^3=18.26$	$2\times2.09^2=8.74$	$2\times2.09=4.18$	$2\times2.09^0=2$

几何平均数累加值的计算方法为:

$$累加值=(F_1 代表现型值 \div 基本值)^{1/n}$$

n 为 F_1 代增效基因数。

$$F_1 代表现型理论值=(甲亲本表现型值 \times 乙亲本表现型值)^{1/2}$$

各基因型都按基本值×(累加值)^n 计算,n 为该基因型中的有效增效基因数。要求两亲本必须是纯合的两极端类型,否则在杂交后代中会出现超亲遗传的现象。

(三)数量性状的基本统计方法

1. 平均数

平均数是一组数字的平均值,例如 2、4、5、7 的平均数为 4.5,计算方法为 $\bar{x}=\dfrac{2+4+5+7}{4}=4.5$。它分算术平均数和加权平均数,上边这个例子是算术平均数。加权平均数是将观察值归类,再以观察次数与观察值相乘,各类乘积之和除以观察总次数。例如测量 57 个玉米穗长,观察总次数为 57,其中 4 个为 5cm,21 个为 6cm,24 个为 7cm,8 个为 8cm。平均数($\bar{x}$)＝(4×5＋21×6＋24×7＋8×8)÷57＝6.63(cm)。

2. 方差

方差是用来衡量一群数值的离散程度的。举例来说,两组数字的平均值都是 5,一组分别是 2、5、3、7、8;另一组分别是 5.1、4.9、5.3、4.7、5,显然第一组数字相对于 5 来讲是比较分散的,而第二组数字相对于 5 靠得就近了。这个例子说明,平均数一样的几组数字的分布状态可以有很大的不同,这就需要引进方差的概念。方差是用来衡量一组数字相对于平均

数的离散程度的,在计算上等于离差平方和的平均数,数学上一般以 S^2 来表示。写成公式为:

$$S^2 = \frac{\sum(x-\bar{x})^2}{n}$$

公式中的 x 为变数,$\bar{x}$ 为平均数,n 为样本数,$(x-\bar{x})$ 为离差,在实践中用具体观察数计算时该公式的分母应为 $n-1$。为方便计算,上述公式可以演变为 $S^2 = \sum x^2 - \frac{(\sum x)^2}{n}$。方差越大,该组数字越离散,越不整齐;方差越小,该组数字越相对于平均数越集中。方差永远是正数。

3. 标准误

在具体的实验中,比如马铃薯苗高实验,同时进行了若干块土地的实测,假定每块地各测了 10 行,得出一个苗高的平均数,若干块地就会得出若干个苗高的平均数,这若干平均数也有一个平均数。可以计算每个平均数与总平均数的方差,它可以衡量每次实验的变异程度。在统计学上,平均数的方差是单次实验观察数的方差的 $\frac{1}{n}$,即 $S_{\bar{x}}^2 = \frac{S^2}{n}$,$\sqrt{\frac{S^2}{n}}$ 即为标准误。在上述玉米穗的例子中,其标准误为:$S_{\bar{x}} = \sqrt{\frac{0.67}{57}} = 0.11$。从上面的介绍中可以领会到,标准误是表示平均数的可能变动范围的,因此玉米穗长可以写成 $\bar{x} \pm S_{\bar{x}} = 6.63 \pm 0.11$。标准误越大,平均数的变动范围越大,在重复实验中,反映的是每次实验取得的平均数之间有很大的出入,从这一点上说明实验取得的数据的精确度不高。

任务二　杂种优势

质量性状的遗传能力是很强大的,比如豌豆红花显性纯合体,只要环境容许开花,它必然开出红花,而不会是其他花色。但是对于数量性状来讲,一方面决定的基因很多,另一方面这种性状非常容易受环境的影响,所以有必要了解其遗传的成分占了多大的比例。这个问题在育种实践中是至关重要的:假如某一性状看起来表现得相当不错,于是花了很多的时间和精力去研究,但是如果仅仅是环境因素导致的,那么将一无所获。遗传力是一个统计概率,它是用来衡量群体的。如果一个性状的遗传力是 40%,这并不是说某一个体之所以出现这种性状,40% 是由遗传导致的,60% 是由环境导致的,而应当说在该性状的总变异中遗传因素占了 40%。育种工作中,广泛的数量性状,如农作物的产量、抗性、成熟期等,都应当考虑这个问题。

遗传力从概念上说是指亲本把某一性状遗传给子代的能力,以百分数来表示,它是反映生物在某一性状上亲代与子代间相似程度的一项指标。

生物体的性状表现,既受遗传因素的制约,又受环境的影响。通常把某一性状的测定值称为表现型值(P),由基因决定的那一部分称为基因型值(G),环境导致的那部分为称为环境型值(E),即 $P = G + E$。

一、广义的遗传力

遗传力通常使用 h^2 表示,用方差来计算。群体的表现是由环境和基因引起的,因此有关方差也是基因和环境导致的。遗传变异来自分离中的基因,以及同其他基因之间的关系,所以遗传方差是总方差的一部分。

以 V_P 表示总方差(表现型方差),以 V_G 表示由遗传导致的方差,环境导致的方差用 V_E 来表示,所以:

$$V_P = V_G + V_E \qquad h^2 = \frac{V_G}{V_P} \times 100\% = \frac{V_G}{V_G + V_E} \times 100\%$$

从以上公式可以看到:环境方差小,遗传力就大;环境方差大,说明在性状的发育中遗传的作用相对来讲就小了。

在计算遗传力时,两个亲本的方差可以看作环境方差,因为在杂交时选用的两个亲本是纯种(只有两个亲本为纯合体,才便于分析杂种后代且能产生强大的杂种优势)。所以,第一个亲本的方差 V_{P_1} 与第二个亲本的方差 V_{P_2} 的平均值即代表环境方差,即 $\frac{V_{P_1} + V_{P_2}}{2} = V_E$。另外,由于两亲本为纯合体,因此杂交出的第一代 F_1 理论上所有个体基因型应当一致,即 F_1 代的方差也是由环境而导致的。在计算环境方差时,为了更加精确,通常可以采用 $V_E = \frac{V_{P_1} + V_{P_2} + V_{P_3}}{3}$。广义遗传力的基因型方差中既包括加性遗传方差也包括显性偏差,计算广义遗传力 h^2 时,$h^2 = \frac{V_{F_2} - V_E}{V_{F_2}} \times 100\%$,其中 V_{F_2} 为杂种第二代的方差。F_2 代的方差往往比较大,既有基因的广泛分离重组影响,也有环境的影响,所以以 V_{F_2} 代表总方差。

二、狭义的遗传力

狭义的遗传力与广义的遗传力比较,在衡量性状的遗传能力时更准确,这是因为狭义的遗传力在计算上去掉了显性偏差。但由于它的计算既费力又费时,因此生产上一般不计算狭义的遗传力,这里不赘述。

三、杂种优势利用

(一)杂种优势的概念

基因型不同的亲本杂交产生的杂种,在生长势、生活力、繁殖力、抗逆性、产量和质量上比其双亲优越的现象称为杂种优势。一般以 F_1 超过其双亲性状平均数的百分率表示其杂种优势的程度。如利用洋葱的杂种优势,增产率高达 94%。马铃薯人工杂交生产实生薯利用其杂种优势。

(二)杂种优势的利用

在农业生产上,杂种优势的利用已经成为提高产量和改进品质的重要措施之一。利用杂种优势应注意以下几个问题:

(1)杂交亲本的纯合度。只有两个基因型纯合度高的亲本,其 F_1 才能产生强的杂种优势,并表现出性状的一致性。

(2)亲本杂交组合的选配。不同的杂交组合产生的杂种优势程度有很大的差别,因此在选配亲本时,应合理选配杂交组合,以期杂种能最大限度地提高产量和品质。一般应选配双亲遗传差异大、表现优良、配合力大、适应性强的杂交组合。

（3）无性繁殖的作物几乎都是杂合体，通过品种间的有性杂交所产生的杂种，在广泛变异的 F_1 群体中，选择经济性状好、杂种优势强的单株，通过无性繁殖，形成一个优良的无性系。

知识链接

大多数动植物的繁殖方式都属于有性繁殖，由于产生雌雄配子的亲本来源和方式的不同，其后代在遗传效应上明显不同。杂交是指两个基因型不同的个体之间的交配。亲缘关系较远的个体之间的交配称为异交；亲缘关系较近的个体之间的交配为近亲交配，简称近交，所以说近交是属于杂交的。近亲交配按照亲缘关系的远近，进一步划分为全同胞、半同胞及表亲兄妹的交配。全同胞是指同一父母本，半同胞是指同父异母和同母异父。植物是可以自花授粉的，对于雌雄同株和雌雄同花的植物来讲其自花授粉属于自交，这是近亲交配中最极端的情况。在近亲交配中还有一种回交，是子代反过头来和任一亲本的交配。例如，甲×乙→F_1，F_1×乙→BC_1，BC_1×乙→BC_2…；或甲×乙→F_1，F_1×甲→BC_1…被回交的亲本称为轮回亲本，没有被回交的亲本即为非轮回亲本。

从遗传的角度来看，近亲交配对生物往往是有害的，远缘交配则往往对生物是有益的。杂合体通过自交可以使后代的基因型不断地纯合。

思考与练习

1. 数量性状有什么特点？

2. 请描述微效多基因理论的核心内容。

3. 怎样计算平均数和方差？

4. 假设在相关的杂交实验中发现某数量性状受 4 对基因控制，这些微效基因对性状的作用是累加的。杂交后代具有 4 对有效基因（大写基因）时表现型值为 68，全部为小写基因时表现型值为 4。请问后代中具有 3 个、4 个、6 个有效基因（大写基因）时个体的性状表现型值各为多少？

项目三 马铃薯育种资源概述

知识目标

1. 了解马铃薯种质资源及用于马铃薯育种的栽培种与野生种资源。
2. 掌握马铃薯种质资源的收集和保存方法。

技能目标

会进行马铃薯种质资源的收集、整理和保存。

马铃薯为茄科茄属马铃薯组基上节亚组植物。所有结薯的马铃薯组的种都分布于美洲大陆,属于基上节亚组。这个亚组都具有辐射对称型花器,花梗有节,无腺体,无刺,一般为复叶。其中多数种具有匍匐茎,顶端膨大为块茎;少数种,如 Juglondifolia 系和 Etuberosa 系的种不形成匍匐茎和块茎。在基上节亚组的基础上又进一步分为系(Series)和种(Species)。

种质资源又称遗传或基因资源,是作物遗传育种工作的物质基础、原始材料。把凡可以供利用和研究的一切具有一定种质或基因的植物类型统称为作物种质资源。它包括一种作物当地和外来的新、品种及育种材料,近缘野生种以及通过有性杂交、体细胞杂交和诱变、基因工程等创造的新类型。马铃薯具有丰富的生态多样性和广阔的适应性,根据 Hawkes 的分类,目前发现的马铃薯有 235 个种,其中 7 个栽培种、228 个野生种,能结薯的种有 176 个。种质资源的收集、引进、鉴定、创新和利用一直为我国马铃薯育种者所重视。

一、马铃薯种质资源库

马铃薯的种质资源非常丰富,是任何栽培作物无法比拟的。马铃薯有两个起源中心:栽培种主要分布在南美洲哥伦比亚、秘鲁、玻利维亚的安第斯(Andes)山山区及乌拉圭等地,其起源中心以秘鲁和玻利维亚交界处的 Titicaca 湖(Lake Titicaca)盆地为中心地区,以二倍体种为多。被认为是所有其他栽培种祖先的 Solanum stenotomum 的二倍体栽培种在该起源中心的密度最大。野生种只有二倍体。另一个起源中心则是中美洲及墨西哥,那里分布着具有系列倍性的野生多倍体种。这里的野生种尽管倍性复杂,但数量较少,一直还没有发现原始栽培种。两个起源中心彼此独立。

马铃薯属于多倍性作物,染色体基数 $n=12$,有二倍体($2n=24$)、三倍体($2n=36$)、四倍体($2n=48$)、五倍体($2n=60$)和六倍体($2n=72$)。根据 Hawkes 的研究,在所有能结块茎的种中约 74% 为二倍体,四倍体占 11.5%,其他倍性的种所占比例很少。其中二倍体种中包括了绝大多数的原始栽培种和野生种。

从目前世界范围来看,马铃薯栽培种共分8个种,均属于马铃薯系(Tuberosa Rydb),包括原始栽培种(或近缘栽培种)和普通栽培种(亦称为现代栽培种),均产于南美洲。原始栽培种主要是窄刀种($S. stenotomum$ Juz. et Buk. $2n = 24$)、阿江惠种($S. ajanhuiri$ Juz. et Buk. $2n = 24$)、富利亚种($S. phureja$ Juz. et Buk. $2n = 24$)、角萼种($S. goniocalyx$ Juz. et Buk. $2n = 24$)、乔恰种($S. chaucha$ Juz. et Buk. $2n = 36$)、优杰谱氏种($S. juzepczukii$ Juz. et Buk. $2n = 36$)、短叶片种($S. curtilobum$ Juz. et Buk. $2n = 60$)。马铃薯种($S. tuberosum$ L)包括安第斯亚种($S. tuberosum$ ssp. $andigena$. $2n = 48$)和马铃薯普通栽培种($S. tuberosum$ ssp. $tuberosum$. $2n = 48$)两个亚种。其分类见表3-1。其中只有普通栽培种在世界各国广泛栽培,也被称为现代栽培种。其他栽培种称为原始栽培种或近缘栽培种,均分布于南美安第斯山不同海拔高度区域。

表 3-1　栽培种分类比较(引自 Dodds,1962)

种和亚种	种的倍数(Hawkes,1990)
$S. stenotomum$ Juz. et Buk. 窄刀种	$2x$
$S. ajanhuiri$ Juz. et Buk. 阿江惠种	$2x$
$S. phureja$ Juz. et Buk. 富利亚种	$2x$
$S. goniocalyx$ Juz. et Buk. 角萼种	$2x$
$S. chaucha$ Juz. et Buk. 乔恰种	$3x$
$S. juzepczukii$ Juz. et Buk. 优杰谱氏种	$3x$
$S. tuberosum$ ssp. $tuberosum$ L. 马铃薯普通栽培亚种	$4x$
$S. tuberosum$ ssp. $andigena$ H. 马铃薯种安第斯亚种	$4x$
$S. curtilobum$ Juz. et Buk. 短叶片种	$5x$

野生种的资源相当丰富,只分布于美洲大陆,Hawkes(1989)将已发现的野生种分属19个系,其中马铃薯系兼含76个野生种和7个栽培种。将野生种的有利基因转育到栽培种中,对于克服普通栽培种基因狭窄问题具有重要意义。主要野生种有落果薯($S. demissum$)($6x$)、葡枝薯($S. stoloniferum$)($4x$)、无茎薯($S. acaule$)($4x$)、恰柯薯($S. chacoense$)($2x$)、芽叶薯($S. vernei$)($2x$)、小拱薯($S. microdontum$)($2x$)、球栗薯($S. bulbocastanum$)($2x$)、腺毛薯($S. berthaultii$)($2x$)。野生种大多为二倍体。

二、我国马铃薯种质资源的研究与利用

目前我国是世界第一大马铃薯生产国,我国的马铃薯育种研究经历了从国外引种鉴定到品种间和种间杂交、生物技术育种的工作过程。据统计,我国已经育成了将近200个品种,虽然取得了巨大的成就,但由于长期以来强调高产抗病育种,忽略品质育种,各种专用型品种尤其是加工品种奇缺,不能满足加工业发展的需要。因此,加强种质资源、育种技术和育种方法研究,选育鲜薯食用、食品加工和淀粉加工等专用型品种是现阶段我国马铃薯育种的任务。

(一)种质资源的收集与引进

1. 地方品种的收集

1936—1945年间,我国科研人员共收集了800多份地方材料。1956年我国组织全国范围内的地方品种征集,共获得马铃薯地方品种567份,其中很多具有优良特征,筛选出36个优良品种,如抗晚疫病的滑石板、抗28星瓢虫的延边红。1983年,《全国马铃薯品种资源编目》出版,收录了全国保存的种质资源832份,为杂交育种提供了丰富的遗传资源。

2. 国外品种的引进

马铃薯在产量、品质性状、抗病虫性及对各种逆境的耐性等方面存在广泛的遗传多样性。为此,世界各国马铃薯育种工作者都十分重视组织征集和利用各类外来种质资源。据估计,目前我国共有1500~2000份种质资源。我国来自国外的品种资源,主要是20世纪40—50年代引自美国、德国、波兰和前苏联等国,少数来自加拿大、国际马铃薯中心(CIP)。从美国引入的品种资源有卡它丁、小叶子、火玛、红纹白、西北果、七百万等及杂交实生种子。德国品种有德1~8号及白头翁、燕子等。波兰品种有波友1号(Epoka)、波友2号(Evesta)等。对我国马铃薯生产具有重大影响力的十大国家级品种都具有国外血缘(表3-2)。

表 3-2　十大国家级品种及其亲本来源(引自孙秀梅,2000)

品种名称	亲本名称	亲本来源	品种名称	亲本名称	亲本来源
克新 1 号	♀374—128 ♂疫不加	美国 波兰	坝薯 9 号	♀多子白 ♂疫不加	美国 波兰
克新 2 号	♀米拉 ♂疫不加	德国 波兰	虎头	♀紫山药 ♂小叶子	中国 美国
克新 3 号	♀米拉 ♂卡它丁	德国 美国	跃进	♀疫不加 ♂小叶子	波兰 美国
克新 4 号	♀白头翁 ♂卡它丁	德国 美国	高原 4 号	♀多子白 ♂米拉	美国 德国
东农 303	♀白头翁 ♂卡它丁	德国 美国	晋薯 2 号	♀爱波罗 ♂工业	德国 德国

(二)野生种质资源的利用

过去国内外马铃薯育种大多只利用 *S. tuberosum* 种内品种间杂交方式,由于遗传基础狭窄,因此新育成品种的性状很难超过老品种。据统计,我国培育出的93个主要品种均来源于少数几个亲本材料(白头翁、292-20、卡它丁等),因此具有广泛遗传多样性的野生种质资源的利用受到人们普遍重视。马铃薯亚属内已知的种近200个,其中野生种占80%以上,许多研究表明野生种内含有抗病、高产、高淀粉等遗传基因,但除少数种外,因倍性差异均不能直接与栽培种杂交。"六五"开始,克山马铃薯所、甘肃农业大学、东北农学院等单位开展了野生种资源的利用研究。克山马铃薯所采用秋水仙碱加倍方法,将野生种 *S. chacoense*、*S. demissum*、*S. stoloniferum*、*S. acaule* 的抗病基因转育到四倍体栽培种中,并经3代回交选择出抗PVY材料40份,抗PVX资源35份,抗晚疫病材料16份,其中一些资源已在育种中得以应用。东北农学院从二倍体野生种 *S. phureja* 中筛选出一批能产生 2n 花粉的无性系,并与栽培种杂交获得种间杂种后代无性系。我国在诱导马铃薯双单倍体方面也取得了进展,"七五"期间,从 *S. phureja* 选出能诱导四倍体栽培种产生双单体的授粉者 NEA-P10 和 NEA-P19,其诱导双单倍体频率比国外引进的 IVP35、IVP101 还高。秋水仙碱加倍,2n 花粉(配子)和双单倍体诱导的应用,已打破了由倍性差异而造成的野生种与栽培品种间的杂交障碍。在马铃薯近缘栽培种利用上,我国从20世纪70年代引进的 *S. andigena*

种,经多代轮回选择,鉴定出一批优良无性系,如 NEA1001、NEA1002 等。

（三）马铃薯栽培种的利用

马铃薯普通栽培种具有适应性广、丰产性好、薯形好、抗晚疫病、抗疮痂病、抗青枯病、高淀粉、高蛋白、高维生素 C、低还原糖等多种经济特性和形态学特征,是育种的主要亲本资源,也是种间杂交中改良其他种的不良性状的主要回交亲本。多年来经综合评价筛选出如火玛、白头翁、卡它丁、292-20、紫山药、米拉、小叶子、疫不加等一大批优异种质资源,除少部分直接应用于生产外,更多地应用于品种改良中。据不完全统计,利用上述种质资源,国内育种单位已选育推广了包括东农 303、克新系列、中薯系列、春薯系列、坝薯系列、高原号、内薯、晋薯、鄂薯、宁薯、郑薯系列等优良品种 200 多个,同时创造了几百份具有不同特性的优良品系。

为了克服普通栽培种基因狭窄问题,近年来各育种单位开始将马铃薯野生种和原始栽培种用于品种改良中,并取得了较好的效果。东北农业大学等通过对安第斯亚种的某些无性系采用轮回选择方法进行群体改良,选育出 NS12-156-(1)、NS79-12-1 等高抗晚疫病、高淀粉、高维生素 C、高蛋白等的新型栽培种,以其作亲本已选育出东农 304、克新 11 号、内薯 7 号、中薯 6 号、尤金等 10 余个新品种。中国农业科学院蔬菜花卉研究所和南方马铃薯研究中心通过对 *S. phureja*、*S. stenotomum* subsp. *goniocalyx*、*S. stenotomum*、*S. demissum* 和 *S. acaule* 等野生种和原始栽培种的种间杂种鉴定,筛选出淀粉含量为 18%～22% 的材料 67 份。河北坝上地区农科所利用 *S. stoloniferum* 与栽培品种杂交和回交,选出了淀粉含量高达 22% 的坝薯 87-10-19。黑龙江省农业科学院马铃薯研究所利用 *S. stoloniferum*、*S. acaule* 等与普通栽培种杂交和回交,选出 40 余份抗 PVX、PVY 的材料。

（四）我国马铃薯品种资源数据库的建立

1997—1998 年,马铃薯专业委员会和 CIP 驻京办事处对中国马铃薯品种资源进行了调查,参考《全国马铃薯品种资源编目》和 CIP 资源数据库,形成了中国的马铃薯数据库,收录了国内保存的马铃薯品种资源 956 份,共 49 个数据项,查询快捷、方便。

三、马铃薯种质资源的保存

（一）试管苗的保存（离体培养）

将以块茎方式繁殖的马铃薯品种、品系等资源转入试管中保存,克服了多年来靠田间播种块茎延续种质、导致多种病原复合感染的弊端。

试管苗的保存方法是:从田间种植的种质资源中选择具有典型品种特性的健康植株(从形成壮苗到盛花期均可取),取 1.5～2.0cm 有腋芽的茎段 7～10 个,用清水冲洗 1～2h,置于超净工作台上,用 1‰ 的升汞水溶液浸泡 8～10min,若茎段较粗则增加至 12min 左右。用灭菌的镊子将茎段分次取出,每次取出 1～2 个,在灭菌水中彻底清洗 3～4 次,放入普通的 MS 培养基中培养(特别注意每次从升汞中取茎段时要用无菌的镊子)。分次取出茎段可以使茎段在升汞中的处理时间有一个梯度,保证至少有 1 个已经成为无菌苗。由于种质资源的数量比较多,这样做会大大降低工作量,提高工作效率。将处理好的茎段放在组培苗生长间,补充光照。保持生长间的温度为 20～25℃。无菌苗形成过程中,天天检查,发现污染苗后挑出并进行高压灭菌,以防造成试管苗生长间的整体污染。无菌苗形成后,在无菌条件下,将无菌苗继续在普通 MS 培养基上扩繁 1 次,每 1～2 个茎段放入含 3% 的甘露醇的 MS

培养基试管中保存,一般每1个资源至少要保存3管,这样取用非常方便。控制种质资源保存库的温度为15~20℃,每周对资源库进行熏蒸消毒1次,防止试管苗二次污染。在这种条件下,每一代试管苗可以保存120~150d,在此期间,要定期检查试管苗的情况。由于受到了甘露醇及继代过多或是环境因素的影响,有些资源早期就会玻璃化,一旦发生这种情况,应立即将玻璃化的试管苗转移到普通的MS培养基上,20~30d就可以形成新的试管苗,继续保存。在试管苗保存种质资源的后期,补充2000lx光照,可提高种质成活率。另外,甲基丁二酸有利于试管苗的保存。

近几十年来,中国已经利用试管苗或微型薯方式保存800余份资源,有效地防止了各种病害的侵染,方便了种质资源的交流。中国在研究如何使保存种质的试管苗维持最低的生长速度,延长继代培养的间隔时间以及利用试管苗诱导微型薯等的研究方面也都取得很大进展。

（二）田间种植的保存

试管苗保存约2年,会表现出明显的退化,例如整体的玻璃化,生长极缓,甚至在继代后不能形成新的试管苗,这就需要进行1次田间种植以重新获得试管苗。在当地马铃薯播种时间的前1个月,将已退化的试管苗种质资源转入普通培养基中,形成比较壮的组培苗,定植在育苗钵,置于温室或网棚中,每份资源至少扩繁15株,温室或网棚中的管理与微型薯温室生产相同。待植株根系较发达,长出7~10片叶时,将其移入室外炼苗5~10d,然后带土移入大田。这种移栽苗因长势较弱,所以要求大田土壤疏松,灌溉条件好,肥料充足,并要严防人畜破坏。大田移栽时,每个资源选择10株壮苗,每个资源种植1行,株行距为30cm×65cm,剩余的不要丢弃,可以作补苗用。田间管理要做到早除草、早培土、早防病,加强肥料的充足供给,花期前可追施1次壮苗肥,壮苗肥为尿素,施用量控制在75~105kg/hm²。可用30倍磷酸二氢钾水溶液作为叶面肥进行喷施。定期进行病虫害防治。植株健壮后,以具有典型品种特性的健康植株作为试管苗的来源。

在马铃薯种质资源的保存过程中,田间种植与试管苗保存是相互结合、密不可分的,是一个循环往复的过程。由于种质资源少则几百份,多则几千份,因此种质资源可以多点保存,也可以分期分批保存,每年种植一部分,试管保存一部分,来年可以反过来,这样可以经济合理地搭配人力和物力。

（三）微型薯的保存

马铃薯微型薯的诱导成功为资源保存开辟了一条新的途径。据CIP报道,与试管苗相比,微型薯在一般条件下可保存2年,在低温条件下能延长至4~5年。许多单位利用试管苗直接在容器内诱导微型薯,1个月左右即可收获。微型薯有利于资源的长期保存,可将微型薯放于灭菌后的三角瓶中,置于2~5℃下保存,4个月左右休眠期过后,可转于培养基内继代繁殖。

（四）实生种子的繁殖、保存

马铃薯的近缘种和野生种多数是以实生种子繁殖、保存的。在延长实生种子保存年限方面,实验证明,实生种子的含水量不超过5%,放于干燥器中,置室温条件下,可贮藏7~8年,仍有种用价值。如将干燥器放于低温条件下,可较长期保持种子的发芽力。

拓展知识

1. 国际马铃薯中心（CIP）是世界马铃薯种质资源收集、保存、评价、创新和输出的机构。

2. 马铃薯种质资源中存在对真菌、细菌、虫害、环境胁迫等大量抗性或耐性的材料。这些广泛存在于野生种和原始栽培种中的宝贵性状，对于开展抗性育种、提高现有品种抗性水平有重要意义。

3. 人工选择和进化：早在14000年以前，安第斯山区生长的马铃薯极为普遍，具有繁茂的枝叶，株高在1m以上，地下块茎小且有苦涩味。在原始人类的进化过程中，野生马铃薯也逐步向栽培植物进化。Hawkes论述了马铃薯从野生种到栽培种及栽培种种间的进化关系（图3-1）。

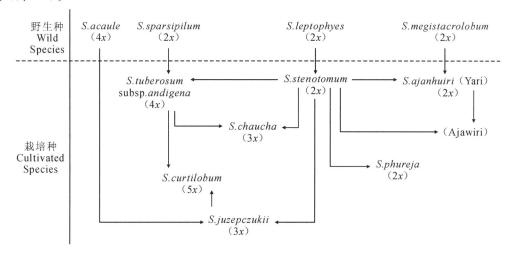

图 3-1 马铃薯栽培种及其倍性水平的进化关系

 **思考与练习**

1. 马铃薯栽培种有哪些？

2. 马铃薯种质资源如何保存？

项目四 马铃薯品种间杂交育种

知识目标

1. 了解马铃薯开花习性以及马铃薯品种间杂交的特点。
2. 掌握马铃薯杂交技术及后代选择方法。

技能目标

在进行马铃薯杂交育种时能合理选配亲本,会进行马铃薯杂交操作。

任务一 马铃薯杂交育种技术

一、马铃薯杂交育种的程序

目前马铃薯杂交育种的过程可以简单地归纳为:每年进行亲本的成对杂交,选用的杂交亲本应在性状上互补,育种工作者通常是根据表现型选择优良亲本。亲本确定后,根据具体条件选择合适的技术促进开花和结实,如遮阴控温、去掉新形成的块茎、在含有抗菌素的水中培养花枝或是将花枝嫁接到番茄上等。最后一步就是根据育种目标进行无性系的田间选择。比较典型的杂交育种程序如表4-1所示。

虽然在不同的单位和国家,其育种方案并不完全相同,但基本是上述模式。特别是早代的选择群体数量很大,许多性状是在收获时用肉眼进行评价和选择的,如产量潜力和块茎形状等。当然,也有人明确地指出,这种早代选择是无效的,只是对病、虫抗性的选择有一定效果,特别是对主要显性基因控制的抗性。

从上述育种程序不难看出,育成一个符合育种目标的马铃薯品种需要大量的田间工作,进行多重目标的选择,选择的效率是比较低的,充分反映出了马铃薯杂交育种的复杂与难度。这也是马铃薯的特殊性所决定的。

二、马铃薯杂交育种的特点

(一)无性繁殖

无性繁殖是马铃薯与其他粮食作物在育种上的最大差别。从稳定性状来看,无性繁殖具有优势,只要获得综合性状好的个体,就可以通过无性繁殖的方式稳定下来,形成稳定的品系或品种。而采用种子繁殖的自交作物杂交后,需要进行多代自交分离,才能获得稳定的遗传性状。但是,也正是这种无性繁殖的特征,使得现有的马铃薯品种都处于遗传杂合状态,这种杂合的遗传组成,使得无性系表现出较强的杂种优势。这种高度杂合的遗传基础对

表 4-1　马铃薯杂交育种程序(孙慧生,2003)

年	工 作 内 容
0	确定育种目标和选择亲本
1	配制 200 个杂交组合(温室内或田间)
2	用塑料钵种植 10 万株 F_1 实生苗,观察、选择(温室内)

田 间 工 作

3	4 万个单株(第一年无性系),观察、选择
4	4000 个株系(第二年无性系),观察、选择

产量、质量和抗病性评价

	育种圃		无性系数量	鉴定圃
	植株数量			小区数×每小区株数
5	6		1 000	2×5
6	20		360	2×10
7	100		120	上年收获的 2 个小区
8	300		40	多点适应性实验 }可缩短为 1 年
9	700		20	多点适应性实验
10	2 000		4	区域实验 }可缩短为 1 年
11	2 000		2	区域实验

以核心材料进行繁殖,并将最好的无性系(或品种)商品化

育种非常不利。遗传基础相对纯合的自交作物,易于通过有性杂交进行性状的分离估测和选择。但对于马铃薯这种高度杂合的个体,遗传载体和性状的对应关系就显得相对模糊,很难通过亲本的表现预测后代的性状。有时一个综合性状表现较好的品种,但其后代却很难出现理想的类型,这就是由于复杂的遗传基础,在配子形成过程中进行了重新分离和重组。

(二)四体遗传

现在栽培的马铃薯都是同源四倍体,其遗传行为遵循同源四倍体的四体遗传规律,即等位位点的基因频率为 $xxxx$。这种四体遗传的方式增加了性状分离的复杂程度。因为 4 条同源染色体中,每条染色体的一定位点上的显性等位基因的不同数目,控制着同源四倍体的3 个杂合子($AAAa$、$AAaa$、$Aaaa$)类型和 2 个纯合子($AAAA$、$aaaa$)类型的出现。这 5 个可能的基因型按显性等位基因的数目分布称为全显性($AAAA$)、3 显性($AAAa$)、双显性($AAaa$)、单显性($Aaaa$)和无显性($aaaa$)。这些基因型有时也写成 A_4、A_3a_1、A_2a_2、A_1a_3、a_4。

马铃薯的四体遗传较其他二倍体作物的遗传复杂。多对基因杂合时,基因的可能组合的数目,单显性为 4^n,双显性为 36^n。由单显性和双显性的杂合子后代中预期的表现型 $A:a$ 的比例得出分离的一般公式分别为 $(3A:1a)^n$ 和 $(35A:1a)^n$。具有两个独立基因的双显性产生更复杂的分离,其显性基因型部分在更大程度上占优势。

马铃薯遗传上的异质性和四体遗传的复杂性,确定了马铃薯的每个杂交组合必须有相

当大的群体,以增加选优的概率。据统计,经国家农作物品种审定委员会审定的克新 1 号品种的选择效率为 0.83 %,早熟克新 4 号为 0.08%。美国的 18 个马铃薯育种项目经过 10 年实施,共入选、注册了 24 个品种,根据该项目中培育的 F_1 实生苗统计,约 20 万株实生苗选出一个优良品种。

(三)自交衰退

自交是使基础材料纯合度提高的一种简便有效的方法。但对马铃薯来说,不仅因其四体遗传的特点大大增加了自交的代数,更为致命的是,自交带来的胁迫是难以克服的,自交进行到 10 代时,植株的生活力明显下降,很难再继续自交下去。这种与生俱来的特性也限制了亲本的纯合,为遗传性状的操作带来难度。

(四)病毒积累导致的生理退化

马铃薯是无性繁殖作物,极易感染病毒,并在体内积累,通过块茎逐代传递,导致无性系退化。特别是马铃薯纺锤块茎类病毒(PSTVd)可以通过种子传递给后代,这也增加了选择上的困难。因此,在育种过程中,必须严格地汰除所带的 PSTVd 病毒,防止类病毒侵染后代,提高选择效果。

正是由于马铃薯具有上述特点,使得马铃薯育种与其他作物相比难度更大。由于所用的杂交亲本是高度杂合的,极大地限制了对后代的预测性,往往是比较好的品种均来源于少数的组合。

三、马铃薯的杂交方法

马铃薯的花内没有蜜腺,昆虫很少传粉,有时土蜂采食其花粉而作传粉媒介,但天然杂交率极低,一般不超过 0.5%。在进行一般的马铃薯育种时,只要防止雄性可育的母本自花授粉产生伪杂交即可。常用的方法有去雄和套麦秆法两种,具体步骤如下:

1. 花粉的采集和保存

在授粉前一天,采集父本当日开放的新鲜花朵,摊放在室内干燥 1d,这样的花药刚刚开裂或即将开裂,能够散出大量生活力强的花粉。如用已经开过 2~3d 的花,其花药尖端呈黄褐色或黑褐色,花粉量少,生活力低。采粉时可直接取下花药放到小瓶中振荡,花粉散落在瓶底,然后用镊子将花药取出。也可利用花粉振动器将花粉轻轻振动于光滑纸片上,然后收集到小瓶中,瓶上标记父本名称,准备授粉。

如果父母本短期内花期不遇,可将新鲜花朵放在一般室温条件下,这样能够保存花粉 6~7d。如果花粉已从花药敲出,则须将花粉瓶放于装有氯化钙的干燥器内保存,6~7d 仍不失掉其生活力。当双亲花期相隔时间很长时,可以利用低温贮藏花粉的方法,即将采集到的新鲜花粉放在装有 1/2 氯化钙干燥剂的小瓶中,放在 2~5℃ 的条件下能够保持生命力约 1 个月。用这种方法调节父本先于母本开花的花期不遇。如果先将花药干燥,再贮藏在 −20℃ 条件下,花粉的生活力可保持长达 2 年。当利用极晚熟父本与早熟母本杂交,父本开花过晚时,则可于头一年将父本花粉贮藏,来年母本开花,将父本花粉取出,进行授粉。

2. 授粉

选择健壮母本植株上发育良好的花序进行"整花"。即每个花序只选留 5~7 朵发育适度的花,将开过的花及未成熟的幼蕾全部去掉。授粉时,如果母本花量很少,也可保留花序上的幼蕾,待开花时,用同一父本的花粉分期授粉。凡是母本属于雄性不育的类型,则不去雄,直接用小毛笔或橡皮笔蘸取父本花粉,授于母本柱头上。如果父本花粉可育或能天然结实,须于雄蕊未成熟前用镊子去雄。去雄时不要碰伤花柱和柱头,去雄后授粉。套麦秆法是不去雄,选择即将开放的花蕾,在花药未成熟时先授粉,然后套以口径稍大于柱头、长 1.5～2.0cm 的麦秆以隔离花粉(图 4-1),套麦秆时注意不要碰断花柱或触伤子房。上述两种方法,以去雄法操作简单、省工。尤其是利用花柱弯曲的品种作母本时更为适宜。雨前杂交,套麦秆法可避免雨水冲刷柱头。授粉后,在花柄上系以标签,注明授粉日期、天气情况和组合名称。

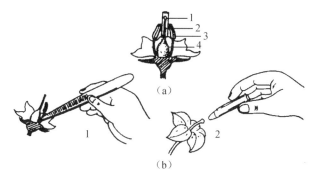

图 4-1　马铃薯的杂交方法

(a)套麦秆法:1—麦秆;2—花柱;3—花药;4—子房

(b)去雄:1—去雄;2—授粉

3. 套袋、采收浆果及洗籽

授粉后 1 周即可检查杂交结实情况。花冠脱落,子房已经膨大,小花梗变粗、弯曲,表明杂交成功。否则经 4～5d,未受精的花即由花柄节处产生离层而脱落。当膨大的浆果直径达到 1.5cm 时,即可将浆果连同标签套以小纱布袋系于分枝上,以防浆果脱落混杂。当母本植株茎叶枯黄,或者浆果变软时即可采收。种子受精后经过 1 个月才有发芽能力。

浆果采收后,挂于室内后熟,当其变白、变软、有香味时,及时将种子洗出。如浆果熟后干缩,种子变黑褐色,则影响发芽力。洗种子时,按杂交组合进行。将浆果放入水杯中搓碎,种子沉入杯底,漂去上面的果肉,换水冲洗,将种子上的黏液洗掉,然后倒在吸水纸上晾干(图 4-2)。将干燥的种子装入纸袋或小瓶中,并注明组合名称及采种年份。

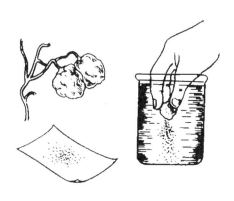

图 4-2　洗籽

马铃薯的种子可以长期贮存,在通风、干燥、低温条件下贮存 4～5 年仍不失去发芽力。由于马铃薯杂交效果与气候条件关系很大,在适于马铃薯开花、结实年份,可以多做组合,多采收种子以备贮用。马铃薯种子休眠期较长,一般有 6 个月左右的休眠期。充分后熟的浆果,其种子休眠期可以缩短。当年采收的种子发芽势较差,发芽率一般只有 50%～60%,出苗极不整齐。第二年种子发芽势强,发芽率可提高到 80%～90%,出苗整齐。经贮藏 2 年的种子,其发芽率最高。

四、提高马铃薯杂交效果的措施

(一)促进开花的措施

1. 改善环境条件

低温、干旱或连阴雨都会影响马铃薯开花、结实。12℃ 时能形成花芽,但不开花;15～20℃ 的条件下,马铃薯可产生较多的正常可育花粉;当气温达到 25～35℃ 时,花粉母细胞减数分裂不正常,花粉育性降低。亲本材料最好选择有水源的地块种植,及时灌溉,保持土壤水分,加强田间管理,合理施肥,通过人工调节田间小气候,可促进开花。此外,长日照和延迟栽植也能诱导开花。

2. 加强植株上部的同化作用

马铃薯开花需要更多的养分,以促进花芽分化,增加开花数量与坐果率。特别是对一些开花少或开花时间短的早熟亲本,采取阻止同化产物向下输送的措施,会显著地改进开花状况。常用的方法有嫁接法和砖块法。

(1)嫁接法

嫁接法以马铃薯植株为接穗,嫁接在番茄砧木上,可促进马铃薯植株开花。有些马铃薯品种,例如宾杰(Bintje)和爱德华王(King Edward),一般是不开花的,花序形成后不久,花芽即停止生长,在离层处脱落。把爱德华品种植株作为接穗,嫁接在番茄砧木上,可以促进开花。

(2)砖块法

砖块法是将马铃薯萌芽的块茎栽在有孔的砖或瓦上,这些砖瓦在土平面上,用沙盖住种薯,块茎生根后,根可通过砖瓦上的孔扎入土中吸取养分和水分。当根系经过砖瓦长入土壤后,把砖瓦上的沙冲洗掉,可除掉匍匐枝和幼嫩的新生块茎,这样使营养集中而促进开花,延长花期和提高坐果率。

这两种方法的目的都是使碳水化合物和其他的同化产物在地上部积聚,从而使花芽得到较多的营养。对于有些品种,去掉花序下面的侧芽也有利于开花。

3. 赤霉素处理

马铃薯孕蕾期间,每隔 5～6d 用 50mg/L 的赤霉素水溶液喷洒植株一次,有防止花芽产生离层和刺激开花的作用。当花序刚能用肉眼看见时,用不同浓度的激动素(BA)和赤霉素(GA$_3$)单喷或合用可使马铃薯开花数量和花粉量增加。以 20mg/L 激动素和 50mg/L 赤霉素喷洒植株顶部的效果最好,不但开花数量和花粉量增加,花粉的发芽率亦显著提高。

(二)提高杂交结实率的措施

1. 母本花序插入瓶中室内授粉

选择第一朵花开放的母本花序,将花序 40cm 处的一段枝条弯曲,浸入盛有 0.5% 高锰酸钾溶液的盆中,剪下,枝条勿离溶液,以免枝条内的液柱被空气隔断,导致花序萎蔫。将枝条下部叶片去掉,只保留近花序的4～5片叶,并将顶芽去掉,插入盛水的瓶中,置于温室内(瓶内可加入8～10mg/L链霉素或硝酸银,防止细菌感染),白天保持20～22℃,夜间保持15～16℃。杂交时,每个花序留2～3朵即将开放的花蕾,并进行去雄,然后由父本株采集花粉授粉。利用这种方法,易于控制室内的温湿度,为马铃薯杂交结实创造良好的条件,较一般田间杂交结实率提高5～10倍。

2. 多量花粉授粉或重复授粉

马铃薯的杂交为多胚珠受精,杂交时利用多量花粉授粉或重复授粉,可以显著提高杂交结实率和浆果中的结实粒数。研究结果表明,进行2次和3次授粉时分别比1次授粉提高杂交率56%和85%,提高结实粒数37%和52%。尤其是父本有效花粉率较低时,重复授粉更为必要。重复授粉的间隔时间为8～12h,即在清晨、傍晚及第二天早晨连续3次授粉。

3. 调节开花授粉期

利用熟期不同的亲本杂交易花期不遇,可分期播种,调节花期。如父本先于母本开花,将新鲜的花朵采下放于温度较低(15～20℃)的室内,可保存花粉活性5～6d;也可将花粉放于小玻璃瓶中,底部装氯化钙干燥剂,保存于5℃条件下,能维持花粉的生活力2周。如放于2℃条件下,可保存花粉1个月。

4. 使用植物激素

在授粉后2～3d喷2,4-D或其他植物激素,能防止落花,并使子房发育成含有种子的浆果。若提前喷激素,则往往产生不含种子的单性浆果;授粉后在花柄节处涂抹少量0.1%～0.2%萘乙酸羊毛脂,可抑制离层产生,起到防止落果的作用。萘乙酸羊毛脂的用量不可过多,以免浆果膨大受到抑制。

5. 选择授粉时间

马铃薯在气候较为凉爽而湿润的条件下进行授粉杂交的效果最好。若遇高温干旱天气,宜在清晨或傍晚进行杂交,以傍晚效果最好,可以有一段较长的高湿冷凉条件,有利于花粉发芽。阴天可全天授粉。雨天授粉,往往花粉被冲刷或造成花粉破裂,降低结实率或引起落花落果。

6. 防治晚疫病

杂交后浆果膨大时期,如遇多雨、空气湿度大的情况,晚疫病容易发生,使植株感病早枯,或使浆果感病腐烂,种子不能成熟。因此,在多雨季节,应进行晚疫病预测预报,及时进行药剂防治,达到保果的目的。

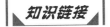

马铃薯的开花习性

1. 花序及花的组成

马铃薯的花序为分枝型的聚伞花序(图4-3)。花序主干的基部着生在茎的叶腋或叶枝上,称为花序总梗,其上有分枝,花着生于分枝的顶端。有些品种因花梗分枝短,各花柄几乎着生在同一点上,又好似伞形花序。花序总梗的长短、分枝的多少和排列的紧密程度,以及分枝分权处色素的分布与小苞叶着生与否,均为鉴别品种的特征。

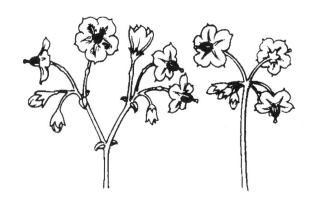

图 4-3 花序着生状况

每一花朵的基部有一纤细的花柄,其上生有茸毛。花柄顶端与花萼的基部相连,其基部着生于花序分枝或再分枝的顶端,花梗分枝处往往有小苞叶一对。每个花序一般有 2~5 个分枝,每个分枝上有 4~8 朵花。花柄的中上部有一凸突起的离层环,称为花柄节,由薄壁细胞组成,花蕾或花朵脱落时,即由此与花柄的下部分离。花柄节上有色或无色,花柄节上部与下部长度之比通常都较稳定,是鉴别品种的特征。

每朵花由花萼、花冠、雄蕊和雌蕊四部分组成,结构如图 4-4 所示。花萼基部联合为筒状,顶端五裂,绿色,其尖端的形状因品种而异。花冠基部联合呈漏斗状,顶端五裂,由花冠基部起向外伸出与花冠其他部分不一致的色轮,形状如五星,称为星形色轮,其色泽因品种而异。某些品种,在花冠内部或外部形成附加的花瓣,分别称为"内重瓣"花冠或"外重瓣"花冠。

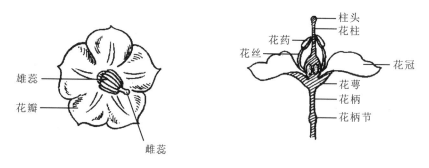

图 4-4 花的结构

花冠的颜色有白色、浅红色、紫红色、蓝色等。雄蕊 5 枚,与合生的花瓣互生,短柄基部着生于冠筒上。5 枚花药抱合中央的雌蕊。由于雄、雌蕊发育状况和遗传特性不同而形成不同形状的雄、雌蕊(图 4-5)。雄蕊花药聚生,呈黄、黄绿、橙黄等色,成熟时顶端裂开两个枯焦小孔,从中散出花粉,一般黄绿色或淡黄色花药中的花粉多为无效花粉,不能天然结实。马铃薯的雄性不孕系在自然界是相当普遍的,许多早熟品种(如红纹白等)都是雄性不孕。橙黄色的花药则能形成正常花粉。雌蕊 1 枚,着生在花的中央。柱头呈棒状、头状、二裂或三裂,成熟时有油状分泌物。花柱直立或弯曲。子房上位,由两个连心的心皮构成,中轴胎座,胚珠多枚。子房形状有梨形和椭圆形之分,其横剖面中心部的颜色与块茎的皮色、花冠基部的颜色一致。花冠及雄蕊的颜色、雄蕊花柱的长短及姿态(直立或弯曲)、柱头的形状等皆为品种的特征。

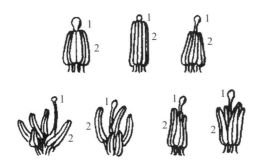

图 4-5 花的结构

1—雌蕊 2—雄蕊

2. 开花习性

马铃薯的花芽由顶芽分化而成,大多数早熟品种花芽分化是在植株第 13～14 节上,开第 1 层花后,植株即不再向上伸长。有时虽然第 1 层花序下部的侧芽又继续向上伸长,再分化出第 2 层花序,但往往很早脱落,不能开花,因而表现出开花早、花量少、花期短的特点。中晚熟品种第 1 层花序花芽分化多数在植株第 16～18 节上,花开放后,随着花序侧芽的生长,继续形成第 2 层花序至第 3 层花序。其强大的侧枝也具有同样的着花习性,因而表现开花晚、花序多、花期长的特点(图 4-6)。马铃薯从出苗至开花所需时间因品种而异,也受栽培条件的影响。一般早熟品种从出苗至开花需 30～40d,中晚熟品种需 40～45d。

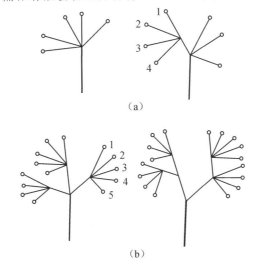

(a)

(b)

图 4-6 马铃薯开花习性模式图

(a)早熟品种;(b)中晚熟品种

1、2、3、4、5 为开花顺序

马铃薯的开花有明显的昼夜周期性,即白天开放,夜间闭合。一般每天早晨 5—7 时开放,下午 4—6 时闭合;阴雨天的开放时间推迟,闭合时间提早,有时开花处于半开放状态。每朵花开放的时间为 3～5d,一个花序开放的时间可持续 10～15d,而整个植株的开花期可持续 40～50d 。开花的顺序是:每一花序基部的花先开,然后由下向上依次开放,开花后雌蕊即成熟。雄蕊一般在开花后 1～2d 成熟,也有少数品种开花时与柱头同时成熟或开花前即成熟散粉,这与杂交结实的关系很大。做杂交前要观察、了解和掌握各亲本的开花习性,才能顺利进行杂交。

马铃薯各品种开花、结实情况的差异很大,与品种、气候条件有着密切的关系。马铃薯大多数栽培品种都属于长日照类型,即在光照充足、日照长的条件下能够促进花蕾的分化和形成,尤其对于某些开花数量少的早熟品种更为明显。因此,在我国北方春作区的夏季长日照条件下,马铃薯开花多而且正常。在南方冬作区,马铃薯的花蕾分化正处于短日照条件,很少开花,春种的开花情况较好。马铃薯在花蕾形成、现蕾或开花阶段,如果土壤水分不足或天气干旱高温(25℃以上),不但影响花粉母细胞的减数分裂,使花粉孕性降低,而且易使花蕾脱落,缩短花期。一般开花期气温为 18～20℃,空气相对湿度为 80%～90%,每天日照时数不低于 12h,则开花繁茂,结实率较高。低温、大雨或干旱都会影响开花和结实。开花不捻是由于形成离层,造成落蕾、落花、落果,雄性不育,遗传或生理不孕或胚珠退化等。此外,感染病毒而严重退化的亲本往往开花少或不开花,因此,最好利用脱毒种薯做杂交亲本。

任务二　亲本的选配

一、复式亲本

复式亲本是指在同一位点上具备两个或两个以上的目的基因的亲本。对于主基因控制的遗传性状,如果是显性的,根据遗传学原理,其显性无论是单式(*Aaaa*)还是复式(*AAaa*、*AAAa*、*AAAA*),其效果是一样的,但其对后代的影响却大不相同。

在马铃薯上,有一些具有主要经济意义的抗病性状是由主效显性基因控制的,并按孟德尔规律遗传。对病毒来说,利用这些主基因抗性有长期的抗病效果。然而,具有上述基因的大多数栽培品种(品系),其基因位点多为单式。当其用作亲本与感病亲本杂交时,后代群体中只有 50% 的个体能获得这种抗性的遗传。淘汰许多感病个体需耗费较长的时间和较多的资源,但是如果不淘汰这些感病类型,育成的品种则有感病的可能。如果通过资源筛选创造出复式亲本,则会增加杂种后代选优的概率。如采用抗主要病害的四式亲本就能保证其后代均为抗性个体,在缺少双减数分裂时,三式亲本也可获得同样结果,甚至二式亲本也能增强这种向后代传递抗性的可能性,提高育成抗性品种的概率。创造这种类型亲本须对假定的复式亲本与感病测试者进行测交试验。优良的品种需要许多优良性状,因此也必须在许多性状上选择复式亲本。二式和四式的四倍体材料能够通过对双单倍体加倍而合成。

二、用一般配合力鉴定亲本

在育种中,我们无法根据亲本无性系表现型来鉴定个体的基因和推断实际的基因型,但是可以估计一个亲本无性系向其后代传递优良性状的程度,通常用配合力的概念来表示。亲本无性系的一般配合力(GCA)就是指一个亲本无性系与其他无性系杂交后杂种后代在某个性状上表现的平均值。

在进行配合力测定时,通常采用两种组配方式:一是用一套无性系与另一套在所期望的性状上存在互补的无性系进行杂交;二是在某性状值表现的一定范围内或所感兴趣的性状的无性系中进行双列杂交。如果可能的话,还应该同时进行反交,对杂交后代的评价应尽可能在较多的环境条件下进行,以便研究基因型与环境的互作效应。根据亲本一般配合力效应值,其后代平均数与所期望值发生的偏差就称为特殊配合力(SCA)。当子代间所有的变异均被证明来源于 SCA 时,任何成对杂交的后代均不可能预测和推断其子代的表现。如果所有的变异均源自 GCA,育种者就可以根据其他杂交组合获得的 GCA 来准确地预测出一个杂交后代的表现。

三、双亲遗传背景差异大或亲缘关系远

有关产量和杂交优势的理论研究阐明,在块茎发育适宜的温度与日照条件下,杂交后代的产量优势与遗传异质性密切相关。双亲亲缘关系远的不仅产生较强的杂交优势,且变异类型也多,有更多选优机会。杂交优势的产生多是显性基因互补作用的结果。有利的数量性状多由许多显性基因控制,基因型差异大或亲缘关系远的亲本杂交,后代中会产生许多位点上的显性因子掩盖其隐性因子,达到取长补短的作用。

四、亲本雌雄蕊的育性

有的马铃薯品种雌蕊败育,不能用作杂交亲本;部分品种虽然开花正常,但花药瘦小或呈黄绿色,无花粉或有效花粉率极低,只能作母本。有效花粉率高的才适合作父本。

任务三　杂交后代选择

由于马铃薯杂交育种仅有杂种实生苗(F_1)的分离世代,以后的无性系世代只是在这个相同变异的群体中不断选择和鉴定所需要的类型,因此,为了充分反映出杂交组合的各种变异类型,杂交后代应有相当大的群体。我国各育种单位每年用于第一次选择的杂种实生苗群体为 2 万~3 万个单株。对这些大量的变异个体,如何进行有效的选择是马铃薯杂交育种中的关键问题。根据许多育种单位的研究实践,需要注意以下几个问题:

一、早代选择

在所有的育种方案中,最大的遗传变异出现并可以进行选择的均在早代,也就是杂种实生苗(F_1)世代,或者是无性一代。在这个阶段提高选择效率比以后的选择更有重要意义。作为传统方式而广泛应用于实生苗、无性一代和无性二代的选择方法是目测选择,其效率较低。有研究者提出由育种者目测评分进行后代评价可以鉴定出和育成有商品潜力的品种。有关实验证实了 F_1 实生苗与其无性一代在产量上无相关性,F_1 实生苗产量的高低不能作为选择的依据。在选择世代间,适度的选择强度既能获得较好的效果,又可避免过多地损失有价值的基因型,使两者趋向一个比较理想的平衡。在对块茎产量、匍匐茎长度、块茎外观等主要性状进行选择时,对单个性状的目测择优选择通常不如笼统的目测择优选择更可靠。为了尽量防止过早减少变异性,应该在无性一代入选的群体中进行温和无性系选择,然后在生产条件下进行无性二代世代的评价。

我国大部分育种单位是将杂种实生苗直接种植在田间,这种直接定植于田间的实生苗

有利于抗性等性状的选择,但不利之处是占地多、用工多、田间的工作量大,更不利于早熟杂种实生苗的选择。田间栽植实生苗还易于感染病毒病和晚疫病,影响其无性世代的选择。山东省农业科学院蔬菜研究所是将杂种实生苗催芽后,直接播种在防蚜温室的营养钵中,可有效防止晚疫病和蚜虫传播的病毒病。根据熟期从每个实生苗单株上选取一个块茎,按组合混合收获,第二年进行单株系的选择,这与国外的做法相似。

二、子代测验

近年来,许多育种单位对子代测验技术进行了大量研究。因为子代测验技术可以用于早代选择,也可用于数量性状遗传研究,以及评价优良亲本。在子代测验技术中,有用于实生苗群体选择的技术,也有用于块茎群体选择的技术。应用子代测验技术时,应保证被测群体必须种植在正常农业生产条件下,为整齐评价和选择提供客观、合理的试验环境条件。现在已广泛应用的子代测验方法已经在抗虫性和抗病性等数量性状上应用,包括抗马铃薯孢囊线虫、块茎和植株的晚疫病抗性、干腐病和粉痂病抗性等。

具体方法是:每个杂交组合后代的 80 个无性系,种植成以 20 个无性系为单位的 4 次重复,通过独立选择可鉴定出优良组合。如果进行大量组合后代筛选,或是病害测验手段有限的时候,也可以用 40 个或 20 个无性系。

通过针对有限筛选的子代测验可鉴定出优良组合,进而可以将入选组合的大量实生种子进行种植。从这些重新种植的群体中,通过常规育种的几个无性世代的选择,可选育出具有全部或大多数期望性状的无性系,成功的可能性大大增加。

当然,试图通过一轮杂交和选择就获得在抗虫性、抗病性、产量和质量方面的重大改进是不太可能的。子代测验提供了替代表现型轮回选择的方法,是高效率、多性状、遗传型的轮回选择方案。在这种方案中,因为具有较好一般配合力的亲本可在一轮杂交后很快鉴定出来,使育种的世代周期缩短了几年。这种子代测验的结果是直接获得一批优良亲本,这种亲本间杂交后代就成为新品种选育的优良群体,优良品种就会从最优良的子代群体中不断育成。

三、提高有限资源的选择效率

实生苗和块茎的子代测验为有效鉴评有希望无性系的子代群体提供了选择途径,但是为了从较好的群体中选择出最好的个体,还需要大规模的无性系重复试验,特别是产量和多基因控制的抗性等复杂性状。究竟杂交后代群体控制在什么规模,这要因地制宜。因为育种规模不仅仅是育种方案本身的需要,还要受资源、人力和经费的制约。Vermmer(1991)提出了如何利用有效资源(固定数量的试验小区)尽可能加大无性系选择效果的理论,即利用块茎产量为样本进行 1 年、单性状的选择。该选择的经典公式为:

$$R = i\sigma_G^2 / \left(\sigma_G^2 + \frac{\sigma_{GE}^2}{n} + \frac{\sigma_e^2}{nr} \right)^{\frac{1}{2}}$$

选择强度(i)是由选择的无性系群体大小来确定的,但如果无性系群体太小,则直接影响到选择的可靠性,因而也势必影响到选择的最终结果。在任何给定的时期,无性系间的遗传变异(σ_G^2)是固定的,但其可以随选择而变化。环境的数量(n)是地点(位置)和季节(年份)构成的,σ_{GE}^2 是基因型与环境互作方差,而 σ_e^2 是每一环境内小区重复(r)间的误差方差。误差方差主要反映了土壤的不均一性,主要受小区大小、形状和源于设计的区组控制效果的影响。显然,为了选择应答得以最大化时,还应该考虑试验成本等因素。

在马铃薯试验中,基因型与环境互作的成分通常与基因型差异的成分是相同数量级的。这显然限制了在单一环境下通过遗传力来获得遗传选择应答。因此,进行多点、多年试验是十分重要的。选择应该在与该品种将要大面积种植地区环境相似的地方进行。由于马铃薯育种包括重复杂交和选择的周期,通过强化选择来获得短期的进展将导致由遗传漂变控制的基因的损失,因此,在育种方案中要不断增加新的遗传资源,有效加大遗传变异的多样性,保证育种的选择效果。

 思考与练习

1. 马铃薯杂交育种有何特点?
2. 简述马铃薯的杂交方法。
3. 什么是一般配合力?
4. 简述马铃薯杂交育种亲本的选配原则。

项目五　马铃薯远缘杂交育种

1. 了解马铃薯远缘杂交育种的作用。
2. 掌握马铃薯种间杂交障碍的克服途径。

在马铃薯远缘杂交育种过程中能采取相应措施克服杂交障碍。

远缘杂交一般是指不同种、不同属或不同科间的杂交,也包括栽培植物与野生植物间的杂交。马铃薯的远缘杂交主要是种间杂交。马铃薯的原始栽培种和野生种资源非常丰富,已知有180个结块茎的野生种,这些种质资源蕴含着许多抗各种病虫害、耐不良环境以及许多有利用价值的经济特性的基因资源,在马铃薯的抗病性、抗逆性等育种中具有很大的利用价值。在远缘杂交中杂交障碍是极为普遍的现象。

一、马铃薯种间杂交的障碍

马铃薯种间杂交障碍表现在杂交不亲和性,即亲本杂交受粉后,胚乳败育,不能产生正常杂交种子。有些种间杂交组合虽能获得少量种子,但出苗纤细、早期夭折,或畸形生长成瘤状等,最终使种间杂交失败。种间杂交不亲和性的原因很复杂,既有内部因素,也有外部因素。

(一)内部因素与胚乳平衡数

胚乳是被子植物中的一个重要组织,由植物的雌配子体胚囊中的两个极核细胞受精后发育而成。胚乳是种胚发育的营养源,对种子的形成有重要作用。胚乳不但在生理上与胚有密切关系,胚的成活也依赖于胚乳的正常发育,而且在遗传上与胚的发育有关。如以2个二倍体种杂交,所产生的胚乳为三倍体,其中有两套母本的染色体和一套父本的染色体。种内或种间杂交的内部障碍,在很大程度上是由于胚乳败育,影响种子的形成与发育。曾有许多假说解释种间杂交或倍性间杂交导致胚乳败育的原因。1978年,Johnston 和 Hanneman 提出了胚乳平衡因子(Endosperm Balance Factor)假说,继而由 Johnston、Den Nigs 和 Peloguin 发展了这一观点,于1980年提出胚乳平衡数(Endosperm Balance Number),以 EBN 表示。根据这一理论,在种间杂交或倍性间杂交中,其杂交种子的正常发育都取决于胚乳中母本和父本配子遗传的平衡。在平衡系统中,每个种都有一个有效的倍性,亦即种间杂交时,在胚乳中母本与父本的比例必须是 2∶1,只有这个比例,杂交才能成功。当在胚乳中母本与父本的比例偏离了 2∶1,则胚乳败育,导致杂交失败。有效的倍性并非与其种的真正倍性完全一致。各个种的染色体组在胚乳发育方面都有一个特定的固定 EBN。每个种的 EBN 在不同的种间杂交中是不变的。通过 EBN 可以预测种间或倍性间杂交的成败,只有当母本与父本的比例为 2∶1 时,胚乳才能正常发育和形成种子。EBN 倍性差异是二倍体种之间杂交障碍的内在机制。

(二)外部因素

亲本花期不遇、环境条件不适宜、花器构造方面的差异等都能影响马铃薯种间杂交的成败。

二、克服种间杂交障碍的途径

(一)利用秋水仙碱人工加倍亲本染色体

为使种间杂交母本与父本的 EBN 比例为 2∶1,确保胚乳的正常发育与种子形成,利用秋水仙碱人工加倍亲本染色体是克服杂交不亲和性的重要手段。用对 PVY 和 PVA 具有免疫抗性的野生种 *S. stoloniferum* 与普通栽培品种杂交极难成功,如将 *S. stoloniferum* 加倍成同源八倍体,以其作母本,与普通栽培品种杂交,双亲的 EBN 符合 2∶1,则杂交很容易成功。秋水仙碱虽能阻碍正在分裂的细胞纺锤丝形成,但对马铃薯染色体的结构没有影响,因此,细胞经过秋水仙碱处理以后,在短期内即可恢复正常,重新进行分裂,成为多倍体植株。

利用秋水仙碱加倍马铃薯染色体,常用的有幼芽液滴涂抹法,即用浓度为 0.3% 的秋水仙碱溶液浸湿脱脂棉,放于马铃薯幼苗两片子叶之间的生长点上,并经常滴液,防止脱脂棉干燥,处理 36~48h。亦可将秋水仙碱溶于羊毛脂中,涂抹芽或生长点。利用幼芽滴液法可有 50% 左右的实生苗染色体加倍。如将欲处理的幼苗先置于 5℃ 条件下 24h,再经秋水仙碱处理,可显著提高染色体加倍的频率。

(二)利用"桥梁"种

当马铃薯栽培品种与亲缘关系较远的野生种杂交时,往往杂交不亲和,可用第三个种作为"桥梁"品种,以解决栽培品种与野生种间,或种与种间的不可交配性,如以普通栽培种(ssp. *tuberosum*,以 tbr 表示)的双单倍体与抗青枯病和块茎蛾的野生种 *S. sparsipilum*(以 spl 表示)杂交,其杂交后代由于 tbr 的细胞质与种间杂种的细胞核相互作用而表现雄性不育,用野生种 *S. chacoense*(以 cha 表示)作为"桥梁"种,先与 tbr 双单倍体杂交,产生的杂种再与 spl 杂交,可克服后代不育的问题(图 5-1)。

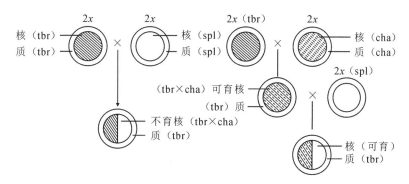

图 5-1　恰柯薯"桥梁"品种克服杂交不育示意图

（三）倍性水平控制

1982 年 Peloquin 提到倍性水平，以后许多学者进一步证明二倍体水平是进行种间杂交和高频率传递有用基因的最佳倍性。马铃薯二倍体种占全部种质资源的 74%。倍性水平控制克服了四倍体与二倍体的杂交障碍，扩大了二倍体资源的利用。马铃薯异源多倍体也很容易与二倍体杂交，二倍体种和异源四倍体种在茄属所有结块茎的种中几乎占了 90%。异源四倍体与二倍体杂交育种的方式如下：

$$异源四倍体×优良的二倍体→F_1（三倍体）$$
$$F_1（三倍体）加倍后×优良的二倍体→BC_1（四倍体）$$

上述方式在种间杂交育种工作中非常重要。

（四）种间正反交的效果不同

有些种间杂交，当正交不成功时，反交却产生很好的效果。其原因如下：

1. 花器构造上的差异

花器构造上的差异包括花柱的长短、花粉管和花柱的粗细等，应以短花柱或粗花柱作母本。野生种 S. acaule 与 S. bulbocastanum 杂交时，应以短花柱的 S. acaule 作母本，杂交才能成功。以 S. acaule 作父本，其产生的花粉管难以通过 S. bulbocastanum 的长花柱而到达其子房。

2. 遗传上的差异

荷兰以抗晚疫病的二倍体野生种 S. verrucosum（以 ver 表示）与其他一些种进行了正反交，结果表明某些基因型能接受 ver 所有无性系的花粉，但另外一些基因型只能接受某些 ver 无性系的花粉，而拒绝另外一些无性系的花粉，从而证明种间的可交配性是由父本和母本两者的基因型决定的。

（五）调节环境条件

许多试验证明综合的环境条件对种间杂交的效果有重要作用，即适宜的环境条件会使种间杂交有更多成功的机会。如双亲花期不遇时，可通过分期播种或长光照处理；父本先开花时，可采集花粉并保存于低温干燥条件下，待母本开花时进行授粉。母本孕蕾期间，每隔 5～6d 用 50mg/kg 的赤霉素水溶液喷洒植株，有防止花芽产生离层和刺激开花的作用。为提高杂交效果，可将马铃薯母本嫁接在番茄砧木上，以延长开花期，增加开花数量和杂交授粉次数，以期遇到最适宜的环境条件，获得杂交浆果。

（六）体细胞杂交（细胞融合或原生质体融合）

体细胞杂交是通过双亲的原生质体融合实现的。大量的试验证明，植物原生质体可以再生成植株，异源原生质体可以融合并长成杂种植株，为克服种间杂交障碍开辟了新的育种途径。

原生质体融合技术可解决种间杂交不亲和，以产生体细胞杂种，并可将许多野生种的有益性状转移到栽培品种中，在马铃薯的种间杂交中具有重要的应用价值。

三、杂交不育性及解决途径

种间杂交一代不育有许多原因，应针对具体情况采用相应的解决方法：

（1）受精卵缺乏同源染色体而不能正常联合配对，可利用秋水仙碱加倍染色体解决。

（2）受精卵只发育成胚，无胚乳或胚乳残缺，或胚与胚乳的发育不相适应，在这种情况下易导致杂种胚败育,可通过胚培养解决。其方法是:杂交受精后3～4周取下浆果,在无菌条件下将种子中的幼胚取出,接种于三角瓶或试管中的培养基上,培养基供应胚胎类似胚乳成分的外源营养,在25℃和光照条件下培养,当胚分化发育成幼苗时,将其移栽于装有消毒土壤的盆中,待植株长大现蕾开花时,可通过回交方法克服其不育性。

(3)由于细胞质与核的相互作用,或不协调的基因组合,经常影响到雄性配子的育性,使花粉败育,用回交方法可显著提高其育性。

(4)杂种种子秕小时,可将细弱的幼苗嫁接在母本幼苗上,改善其发芽和生长条件。

思考与练习

1. 马铃薯种间杂交障碍产生的原因是什么?
2. 克服马铃薯种间杂交障碍的途径有哪些?
3. 什么是马铃薯杂交不育性? 如何解决?
4. 什么是胚乳平衡数?
5. 马铃薯远缘杂交在品种改良中有何作用?
6. 列举一些在远缘杂交中利用的抗病虫及抗逆的种。

项目六 马铃薯群体改良与轮回选择育种

一、群体改良的意义与作用

（一）群体改良的意义

群体改良是指通过对被改良的群体进行周期性选择、重组来逐渐提高群体中有利基因和基因组合的频率，以改进群体表现的方法。群体改良的原理是利用群体进化的法则，通过异源种质的合成，自由交配、鉴定选择等一系列育种手段，促使基因重组，不断打破优良基因与不良基因的连锁，从而提高群体优良基因型的频率。群体改良的意义：

1. 创造新的种质资源

马铃薯基因库狭窄，通过群体改良将不同种质的优点结合起来，合成或创造出新的种质群体，扩大群体的遗传多样性，丰富基因库。马铃薯育种材料多是欧洲人从南美洲引进的适宜长日照的智利型的普通栽培种，这些引入很少的资源，由于 1845—1846 年欧洲晚疫病的发生与大流行又丢失了许多，造成了现有品种及其育种材料基因的狭窄，这就是近 40 年来普通栽培品种间杂交育种很难选育出突破性的品种的主要原因，致使马铃薯育种工作徘徊不前。扩大育种材料的基因库或种质资源，是满足生产上对品种多样性的需要。根据产量及其稳定性取决于遗传杂合性的理论，传统的系谱法或回交育种法对扩大遗传多样性的效果很差，选育多抗性、高增产潜力、各种专用型品种有一定的局限性。群体改良方法可广泛利用种质资源和遗传变异材料，进行轮回选择，结合对后代抗性等的鉴定，将所期望的各种性状结合于一个群体中，以获得适于不同环境条件下抗多种病虫害而又高产的群体。

2. 丰富、优化马铃薯资源库

世界上马铃薯的育种工作已有近百年的历史，迄今只有极少部分资源被利用，马铃薯极广泛的资源库尚未完全被开发利用。广大温带国家不能扩大应用马铃薯近缘栽培种和野生种的主要原因：一是马铃薯资源库中的大部分种为短日性反应，一般要在 $8 \sim 9h/d$ 的条件下结块茎，营养生长期很长，多为极晚熟类型；二是杂交后代中产生许多不良的农艺性状；三是多存在可交配性问题。育种工作者欲将原始栽培种和野生种有用基因导入普通栽培种中，多用回交方法，这种方法周期长，有时要回交 $7 \sim 8$ 次，在回交过程中由于严格淘汰野生性状,有时也丢失了许多有用基因。为了最大限度地将各个种可利用的特性结合在一起,培育出适应性强、抗不良环境和多种病害的群体,国际马铃薯中心采用的对表现型不断轮回选择的群体改良方法很有效。另外,有些资源的原始群体中,控制数量性状的优良基因频率很低,其中一些有利基因又与不利基因相互连锁,很难在一种类型的无性系中集聚很多的有利基因。利用扩大群体的办法,选择在许多位点上都是优良显性基因的个体,其出现的频率更低。因此,群体改良是将2个、3个或更多的种群结合,产生增加某些重要性状基因频率的群体,传统育种方法是很难达到这个目的的,群体育种与传统育种的主要区别是群体育种能加强累加基因与非累加基因效应,而传统育种方法主要靠非累加基因的作用。

3. 轮回选择与群体改良

群体改良是通过轮回选择方法实现的,即以广泛的种质资源作为基础材料,通过对上一代入选的优良个体间进行混合授粉或互交,对产生的后代群体,按照选择的目标,优选多个单株,重复混合授粉或互交,进行周期性的轮回选择。

(二)群体改良的作用

1. 增加优良性状的基因频率

在轮回选择的各世代中,根据需要的性状选择基因型相互杂交,同时对后代进行定向选择,则所需要的基因频率将会增加。增加的速度取决于性状的遗传基础,受单基因控制的质量性状的基因频率增加得快。例如,国际马铃薯中心对一个随机杂交二倍体的840个无性系进行PVY接种鉴定,免疫个体仅占7%。控制PVY免疫性的基因为单显性基因,经过4个世代的免疫个体相互杂交和轮回选择,免疫个体比例与基因频率分别增加至96.0%和80.1%。受多基因控制的数量性状,如产量、淀粉含量等,易受环境影响,轮回选择的效果要差得多。

此外,对非显性基因控制的性状,经轮回选择亦取得了很好的效果,如安第斯亚种的原始群体除具有短日性反应、结薯晚的特性外,且对抗晚疫病的水平也低,轮回选择有效地解决了上述问题。

2. 人工促进基因重组

群体改良促进了群体间的基因重组和优良性状的再结合。为了增加后代群体的遗传异质性和多样性,以提高选优概率,则要尽可能地利用有用的资源,包括普通栽培种、近缘种和具有多抗性的野生种。国际马铃薯中心开始进行群体改良时利用了许多种,因为大量有价值的基因都是孤立地存在于各个种中。国际马铃薯中心群体改良中利用的种如图6-1所示。恰柯薯"桥梁"品种克服杂交不育的示意图如图6-2所示。

二、轮回选择的方法和程序

群体改良的手段是轮回选择。根据马铃薯遗传和无性繁殖的特点,育种工作者提出了轮回选择的方法和程序。

(一)轮回选择的方法

轮回选择的基本方法是使原始群体通过互交,并按其配合力或表现型的测交鉴定结果,将其中具有优良基因型的个体重新混合在一起,通过相互自由授粉,形成第一轮的改良群体。在定向选择优良个体的前提下,用同样的方法继续使其互交或通过相互自由授粉等步骤,再形成下一轮的改良群体。经过多次轮回选择,群体中的优良基因频率逐渐增加。轮回

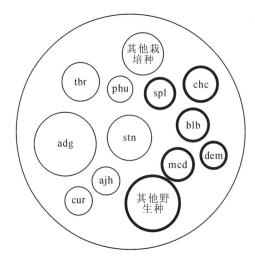

图 6-1 群体改良中利用的栽培种和野生种（引自 Mendoza）

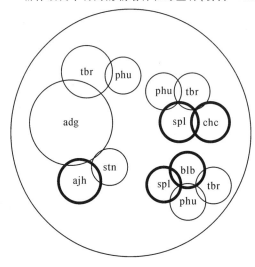

图 6-2 恰柯薯"桥梁"品种克服杂交不育示意图（引自 Mendoza）

选择作为改良群体的一种育种方法,其选择产物是一个改良群体,这个群体又保持有一定的遗传变异性,因而提供了有效选择的可能性。采取多次轮回选择的方法,对改良一些数量遗传的性状更为有效,因为这些性状与由单基因决定的质量性状不同,一般难以用回交法获得改良。在生产上可以直接利用两个改良群体间杂交的杂种优势,组成品种间杂交种。育种上则常用这一遗传基础复杂(异质性强)的改良群体作为亲本或配成杂交种在生产上应用。

（二）轮回选择的程序

1. 国际马铃薯中心的轮回选择程序

其轮回选择程序如图 6-3 所示,其中包括了两个群体,即后备群体和优良群体。

（1）后备群体

这些群体主要来源于马铃薯资源库中的原始栽培种和野生种。这些材料有丰富的遗传变异类型,是轮回选择的主要材料。通过轮回选择改良这些群体的目的是增加综合抗性或优良基因的频率,将抗病虫性与耐不良环境的基因结合,改进农艺性状,缩小原始栽培种和野生种群体与优良群体的距离。当优良群体需要导入某个新的性状时,可选自经过改良的

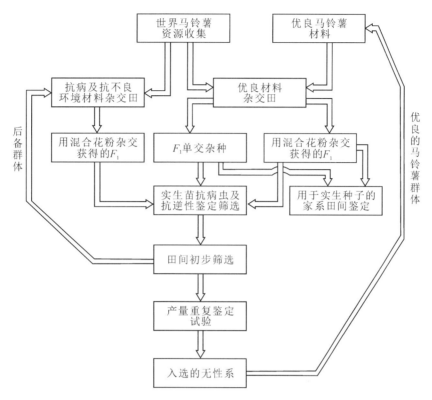

图 6-3　群体改良的轮回选择程序 (引自 Mendoza)

后备群体,以保护优良群体中具有的许多特性不遭破坏。

(2)优良群体

该群体是从不同的育种计划入选的品种和优良的无性系的基因库,或从 CIP 的世界马铃薯资源库中,入选的一些无性系间的杂交群体,经过 4~6 个轮回选择周期产生的。这些筛选过的群体已结合了多抗性和对环境条件的适应性。每经一个轮回选择周期,入选的无性系进入优良群体中,即每一个轮回选择周期都有一组优良的育种材料充实这个群体。因此,这个群体既有广泛的遗传基础,又增加了优良基因频率和理想属性的重组。

2. 相互轮回选择程序

这种轮回选择可以同时改进一般配合力和特殊配合力,对加性和非加性基因遗传效应均适用。其具体做法是:选定两个来源不同、遗传差异较大、杂种优势强的群体 A 和 B。第一年在 A、B 群体中分别选株,相互作为测验种进行测交。即 A 群体的 S_0 株授粉到 B 群体若干随机取样的植株(一般 4~5 株)上测交;同样,B 群体的 S_0 株授粉到 A 群体测交。第二年、第三年分别将测交种 F_1 实生苗和无性系世代进行测交种产量比较试验。第四年根据测交试验结果,在 A 群体中将配合力表现最好的 S_1 系混合种植,进行人工混合授粉即群体内互交,产生的实生种子后代形成第一轮改良群体 A-1。B 群体也是如此循环进行各轮选择,形成 B-1 改良群体。同时,也可使两个群体的配合力显著提高。

经各种轮回选择改良过的群体,其有利基因和基因组合的频率逐步提高,为进一步的育种工作提供了良好的基础。改良后的群体可作为种间、品种间杂交种的优良亲本之一。改良群体分离选出的无性系,要比原始群体的无性系具有更多的优势。

（三）轮回选择方法的应用

对于轮回选择的各种方法，可以根据品种存在的问题及育种上需要改良的性状，结合实际情况灵活应用。例如属于单基因遗传的显性性状，可以采用表现型的轮回选择法；而在涉及基因的部分显性或完全显性时，则可以采用半姊妹轮回选择、全姊妹轮回选择；至于有关的许多基因位点有上位性的超显性作用时，则可采用相互轮回的全姊妹选择。无论采用哪种选择方法均要继续进行若干轮回周期，而且每完成一轮之后都有相应的效果。从 1974 年开始，东北农业大学在四川西昌冕宁的罗吉山对由国外引入的安第斯亚种的种子进行轮回选择。该处海拔为 2800m，年降雨量为 1700mm，晚疫病常年流行严重，有利于抗晚疫病和适应长日照的轮回选择。1978 年，他们将入选的材料分到部分育种单位（由北纬 18°的海南岛至北纬 48°的黑龙江省）继续进行适应性的轮回选择，已经选育出一批高度抗晚疫病、在长日照生态条件下结薯的新型栽培种，比普通栽培种的杂交一代杂种优势强，产量提高 60％。

思考与练习

1. 什么是轮回选择？
2. 什么是群体改良？群体改良有何作用？
3. 简述轮回选择的程序与基本方法。

项目七　马铃薯分解育种法

1. 了解分解育种法的基本原理及其优点。
2. 了解利用孤雌生殖和花药培养进行分解育种的基本原理。
3. 掌握利用二倍体进行育种的一般方法。

能进行简单的花药离体培养操作。

一、分解育种法概述

在马铃薯的起源中心至今还存在着大量的马铃薯野生种和马铃薯原始栽培种,它们是改良现有品种的宝贵种质资源。它们的倍性从二倍体($2n=2x=24$)到六倍体($2n=6x=72$)都有存在,以二倍体最多,约占 70%。二倍体中具有抗病,抗线虫,抗霜冻,抗干旱,早熟,高干物质,低还原糖等基因,因此,它们是改良马铃薯品种极其有用的资源材料。但是,普通马铃薯种和二倍体种很难直接杂交成功,这限制了在马铃薯品种改良过程中对这些二倍体资源的利用。由 Chase(1963)首次提出的分解育种法(Analytic Breeding Method),特别适合二倍体种质资源的利用。

分解育种法分三个阶段:一是把普通马铃薯($4x$)的倍性降到二倍体(双单倍体)水平;二是在二倍体水平上进行育种;三是恢复四倍体的倍性并进行鉴定。马铃薯的这种将普通四倍体降到二倍体,在二倍体水平上育种,然后再恢复成四倍体的育种方法称为分解育种法。这种方法主要有如下优点:

(1)简单的二倍体遗传及在 $2x$ 群体内进行群体改良。

(2)在二倍体杂种中,普通马铃薯的双单倍体对农艺性状的改良起了很大作用。

(3)向普通马铃薯导入存在于二倍体种中的抗虫、抗环境胁迫、优良加工品质的基因。

(4)增加了普通马铃薯的等位基因的多样性。

二、分解育种的基本方法

(一)双单倍体的产生

植物的单倍体是指具有配子染色体数目的孢子体。普通马铃薯是同源四倍体,把来自四倍体马铃薯的单倍体称为双单倍体(Dihaploid),把来自二倍体(包括双单倍体)的单倍体称为一倍单倍体或单单倍体(Monohaploid),以避免混淆。双单倍体的 EBN 数是 2,这和大

多数二倍体的 EBN 数相同。因此,普通马铃薯的双单倍体与大多数二倍体种很容易杂交成功,从而可以实现普通马铃薯与二倍体种的遗传物质的交流。获取植物单倍体的方法有很多,但是对马铃薯来说,常用的方法只有两个,即孤雌生殖和花药培养。

1. 孤雌生殖

卵细胞未经过受精而发育成单倍体胚的现象称为孤雌生殖。马铃薯孤雌生殖诱导单倍体是利用在二倍体中发现的能产生 $2n$ 配子花粉的诱导者,通过种间杂交,诱导四倍体普通栽培种孤雌生殖产生双单倍体。Hougas 和 Peloquin 利用假受精方法首次获得马铃薯双单倍体,此后 $2n$ 配子优良授粉者的研究和应用使大量获得马铃薯的双单倍体成为可能。

(1)利用孤雌生殖产生双单倍体

以下主要介绍提高双单倍体产生频率的措施。

①选择适当的母本可以提高双单倍体产生的频率。合理选择母本可以使双单倍体产生的频率增加 10 倍左右。Merrimack 和 Wis. Ag. 231 产生双单倍体的能力较强,平均每 100 个浆果产生 10 多个双单倍体,而其他的母本种平均每 100 个浆果只产生 1 个双单倍体。

②优良授粉者(Pollinator)对双单倍体产生的频率有显著的影响。1.1、1.3 及 1.22 (Phureja PI 225682 的选系)是优良授粉者。当这些优良授粉者与许多母本杂交时,从每 100 个浆果中约可获得 10 个双单倍体。

③利用母本和授粉者之间在产生双单倍体方面可能存在的互作。

④应用室内花枝水培技术诱导双单倍体。马铃薯的花很容易脱落,在干燥炎热的夏天尤为如此。采用花枝水培技术可以提高授粉后的坐果率 10～15 倍,因此相应地提高了双单倍体的诱导频率。

(2)利用孤雌生殖产生一倍(单)单倍体

利用诱发孤雌生殖的方法也可以获得普通马铃薯双单倍体或二倍体种的一倍单倍体。从本质上讲,该法和以上所描述的生产双单倍体的方法相同,只是这里用双单倍体作母本来获得一倍单倍体。

2. 花药培养

通过花药的离体培养,利用植物花粉潜在的全能性诱导单倍体的产生,是人为地创造孤雄生殖(Male Parthenogenesis),也称雄核发育(Androgenesis)。花药培养方法诱导单倍体可用于四倍体、二倍体或已经降倍的双单倍体,获得双单倍体和单单倍体。方法是诱导和培养外植体花药经由胚状体途径培养出再生幼苗。一般取单核中期到单核后期发育阶段的花药,经过预处理和材料灭菌,接种到培养基上进行组织培养。3～4 周后就可以由裂开的花药长出愈伤组织,接着转移到分化培养基上,分化出有正常根、茎、叶的再生植株,移栽于灭菌的土壤中。花药离体培养的具体方法如下:

(1)花药的采集

马铃薯可以种植在大田,也可以种植在有光温调控装置的温室里。温室种植时,光照时间为 18h,温度变化范围为 14(夜)～26℃(昼)。在北方的夏季,也可以不用人为地控制光照时间。在植株现蕾时,应取 6～7mm 长的花蕾、3～4mm 长的花药进行培养。对大多数品种(系)来说,此时的花粉正处于单核中期至双核初期,是花药培养的最佳时期。老龄或幼龄花药很难出现愈伤组织。当然,只根据花蕾或花药的长度来判断花粉所处的时期不是十分准确,不同品种会存在一定的差异。所以,在第一次接种之前,要用醋酸地衣红对花粉粒染色并镜检。在接种之前,还必须对花蕾进行消毒处理。方法是,把花蕾放在95％酒精中浸泡几秒钟,再用10％的次氯酸溶液表面灭菌15min,最后用灭菌水冲洗3遍。在无菌条件下,取出花药,放置在装有诱导培养基的三角瓶(或其他玻璃器皿)中就可以培养了。

(2)培养基及培养条件

培养基是影响花药培养产生双单倍体的又一重要因素。据报道,不同培养基间对花药培养的效果有很大差异。研究结果表明,MS培养基对于马铃薯的花药培养是比较合适的,愈伤组织、胚状体的诱导频率均较高。为了提高植株的再生能力,特别是愈伤组织再生植株的能力,实验证明把分化培养基的细胞分裂素的浓度增大一倍,而且把细胞激动素与6-BA(6-苄基腺嘌呤)这两种细胞分裂素混合使用,获得了良好的效果,不仅使许多愈伤组织分化出了绿苗,而且使已分化了大量根的愈伤组织也分化出了绿苗。他所用的分化培养基的组成是:MS＋IAA(吲哚-3-乙酸)0.5mg/L＋KT 2mg/L＋6-BA 2mg/L＋蔗糖30g/L＋活性炭5g/L,用7g/L的琼脂固化,pH＝5.8。

在培养条件中,温度对花药培养的影响很大。有人认为,花药培养前的温度处理能够破坏花粉细胞的正常发育途径,使其不能发育为花粉粒而分化为胚性细胞;亦有人认为,经温度处理后,花药壁上的化学、物理变化使其更适合花粉粒向胚性细胞转化。研究人员把摘取的幼嫩花蕾分别置于4℃和5℃的冰箱中,预处理48h,然后再从花蕾中取出花药进行接种,取得了一定效果。此外,接种后将花药置于35℃下黑暗预处理48h,然后转入正常温度下培养,明显地增加了胚状体数量。

需要强调的是,基因型和环境在花药培养方面存在着很大的互作。因此,一个基因型能否有花药培养反应,在一定程度依赖于特定的环境条件。调节花药供体植株周围的环境条件及控制花药培养过程中的理化因素可以增加有花药培养反应的基因型的数量。

(3)再生植株的倍性

花药培养再生植株的倍性变化范围很大,有双单倍体、四倍体以及其他多倍体(包括三倍体、六倍体、八倍体以及混倍体)。从花药培养所获得的双单倍体数量与基因型有关。

(4)利用花药培养法产生一倍单倍体

与四倍体马铃薯花药培养相比,二倍体马铃薯花药培养较易成功。可利用二倍体马铃薯花药培养产生一倍单倍体。

(5)孤雄生殖能力的遗传

研究证明,孤雄生殖的能力和植株再生受不同基因的影响,只有在孤雄生殖基因存在的条件下,植株再生基因才能起作用。尽管孤雄生殖能力是受单基因控制还是受多基因控制这个问题目前还没有定论,但孤雄生殖能力能够遗传给后代这一点已有试验证明。如果孤雄生殖能力可以通过杂交方式传递给后代,就可以通过有性杂交的方式将孤雄生殖能力转移给无此能力的品种(系),从而使不能产生胚状体的优良品种(系)也可以通过花药培养法产生一倍单倍体。

基因型是影响花药培养获得双单倍体能否成功的一个主要因素。基因型对花药培养的反应有很大的差异,有的基因型容易培养成功,有的则不然。

(二)在二倍体水平上育种

1.在二倍体水平上进行遗传分析和育种的优越性

(1)遗传分析

普通马铃薯($2n=4x=48$)具有 4 套染色体,表现四倍体遗传,和二倍体马铃薯($2n=2x=24$)相比,对其进行遗传学研究相对较困难。利用具有 24 条染色体的马铃薯为材料进行遗传学研究有着明显的优点,因为它可以简化遗传分析。例如,一个二倍体的某一基因位点是异质结合的(Aa),自交后产生 3 种基因型(AA、Aa、aa)。其相应的四倍体($AAaa$)自交后则可产生 5 种基因型,即 $AAAA$(四式)、$AAAa$(三式)、$AAaa$(复式)、$Aaaa$(单式)和 $aaaa$(零式)。$AAAa$、$AAaa$ 和 $Aaaa$ 自交又可导致进一步的分离。异质结合的二倍体(Aa)自交后,获得纯合隐性个体的概率为 1/4。对相应的四倍体($AAaa$)来说,自交后获得零式个体的概率受双减数(Double Reduction)的程度影响,如果发生染色体分离(Chromosome Segregation),概率为 1/36;如果发生染色单体分离,则概率为 9/196。

双减数是一种与四倍体遗传有关的现象。如果一个配子的两条染色体来源于两条姊妹染色单体,就是发生了双减数。换句话说,就是两条姊妹染色单体进入了同一配子。双减数需要四价体的形成,以及着丝粒和基因位点之间发生单交换,这样,两条姊妹染色单体就可以附着在两个不同的着丝粒上。具有姊妹染色单体的两个着丝粒在后期Ⅰ进入同一极,两个姊妹染色单体在后期Ⅱ也进入同一极。

(2)育种的优越性

$2x$ 材料不仅对遗传分析很有价值,而且对育种也很有用处。在 $2x$ 水平上育种可以缩短培育新品种所需要的时间,更快地淘汰有害的隐性基因,以及高效地从 $2x$ 种引入优良性状。

2.双单倍体的应用

研究证明,利用双单倍体有两点好处,即可以从野生或栽培二倍体结块茎的茄属种中直接进行基因转移,以及它表现二倍体遗传而不是四倍体遗传。其优点是有利于马铃薯在二倍体水平上的育种,它能把对病虫害的抗性和优良的农艺性状结合起来,并可基于较简单的二体遗传模式进行遗传研究。还可利用马铃薯双单倍体进行细胞学分析,研究马铃薯多倍体的性质。也可以利用双单倍体评价野生种的块茎性状,打破野生种的不利连锁,以无性系形式保存野生资源以及在二倍体水平上进行群体改良。

3.双单倍体的表现

(1)衰退

同源四倍体马铃薯的单倍化可以引起纯合性的增加。如果染色体随机分离以及每个基因位点不超过两个等位基因,单倍体相当于同源四倍体自交 3 代的纯合程度。因此,可以预期存在于四倍体中的有害隐性等位基因可能会在双单倍体群体中表现出来。研究人员用 IVP35、IVP48 以及 IVP101 作"授粉者",获得了 20 个品种、3 个抗 PVX 和 PVY 以及 8 个抗马铃薯孢囊线虫的无性系的双单倍体 5377 株。在这 31 个双单倍体群体中,有 6 个群体表现一定频率(0.4%~2.9%)的矮化株,1 个群体矮化株的频率较高,达 37.4%。在以上双单倍体材料中,他们在 9 个群体中也发现了白色或黄色子叶的植株,频率最高的是 AM66-42,达 61.7%。在双单倍体群体中,如果植株有很高频率的有害基因处于纯合状态,则它的四倍体亲本在二倍体水平育种方案中就没有意义。

(2)育性

有研究表明,大约有 50% 的双单倍体可以开花,30% 雌性可育,3% 雄性可育。

马铃薯双单倍体的雄性育性严重地限制了这些材料在遗传育种中的应用。研究人员把利用孤雌生殖法直接从四倍体马铃薯 *S. tuberosum* 获得的双单倍体定义为初级双单倍体（Primary Dihaploid），而把初级双单倍体间（或与继代材料）杂交产生的后代称为继代双单倍体（Further Generation Dihaploid）。和初级双单倍体相比，继代双单倍体在花粉重，花药、花粉可染率（碘染色）以及种子数方面有了很大的改善。虽然雄性能育的初级双单倍体为数不多，但是用它们作亲本所产生的继代双单倍体是雄性可育的。每个花药中的花粉重与花粉可染率呈正相关。

（3）与二倍体种的交配能力以及二倍体杂种的育性

马铃薯双单倍体的 EBN 是 2，这和大部分二倍体种的 EBN 相等，因此，马铃薯双单倍体很容易和二倍体种杂交成功。一般来说，所获得的二倍体杂种有很好的育性，但是，某些杂种可能会表现出雄性不育，这和杂交的方向以及所涉及的双单倍体、二倍体种有关。当把二倍体栽培种 *S. phureja* 和 *S. stenotomum* 用作父本和双单倍体杂交时，二倍体杂种是雄性不育的，然而，用反交所获得的杂种却是雄性可育的（Ross, et al. , 1964）。据 Hermundstad 和 Peloquin（1987）报道，下列野生种和 *S. tuberosum* 双单倍体杂交会产生雄性可育的杂种：*S. chacoense*、*S. berthaultii*、*S. boliviense*、*S. canasense*、*S. microdontum*、*S. raphanofolium*、*S. scanctaerosae*、*S. kurtzianum*、*S. bukasovii*、*S. spegazzinii*、*S. sparsipilum* 以及 *S. tarijense*。在杂交前，应该对二倍体种产生 2n 配子的能力进行筛选，挑选能产生 2n 配子的基因型与马铃薯双单倍体杂交，这样能够保证所获得的二倍体杂种有较大的可能性控制 2n 配子形成的隐性基因是纯合的。由于产生 2n 配子的二倍体杂种也产生一定频率的 n 配子，这就会使二倍体种和双单倍体的杂种后代为二倍体。

4. 对二倍体杂种农艺性状的选择

当马铃薯双单倍体与二倍体原始栽培种或野生种杂交后，不仅向普通马铃薯引入了人类所需要的目标性状，同时也引入了一些人类所不需要的性状，这就需要人们继续在二倍体水平对杂种进行遗传改良。

5. 对二倍体杂种产生 2n 配子的能力进行选择

（1）2n 配子的概念及 2n 配子的形成机制

2n 配子是指具有体细胞染色体数的配子。在被子植物中，2n 配子的发生是一个很普遍的现象。

有许多文献记载了植物中 2n 配子的发生，但是，对 2n 配子形成原因的详细细胞学研究却很少。细胞学家一般认为，在大多数情况下，减数分裂以前或减数分裂过程中的某种异常的核分裂可以导致 2n 配子的形成。大约在 20 世纪初，植物细胞学家就已经认识到某些减数分裂的异常现象会引起 2n 配子的形成。

（2）环境对 2n 配子形成的影响

马铃薯 2n 配子的发生虽然受遗传控制，但也易受环境条件的影响。研究人员把产生 2n 花粉的基因型种种植在两种不同的环境条件下（北京和河北张家口坝上地区），研究不同的环境条件对 2n 花粉频率的影响。结果表明随温度的升高，2n 花粉的发生频率减少。另外，某一基因型种不同花之间 2n 花粉的发生频率也不同。研究发现，即使同一个花药，不同花药室间 2n 花粉的发生频率也有差异（73.1%～90.0%）。同一基因型种内产生 2n 花粉频率的差异说明 2n 花粉的形成对微环境的变化非常敏感。2n 花粉的发生易受环境条件影响这一事实表明，2n 花粉的发生可能不是受简单的单基因所控制。

（3）$2n$ 配子材料的选择

①确定植株是否产生 $2n$ 花粉。首先,测定花粉粒大小。$2n$ 花粉粒的染色体数目较 n 花粉粒多 1 倍,其直径一般是 n 花粉粒的 $1.2 \sim 1.5$ 倍。据报道,n 花粉粒和 $2n$ 花粉粒的直径分别为 $18 \sim 23 \mu m$ 和 $26 \sim 33 \mu m$。一般情况下,通过镜检很容易把大小花粉粒分开,但是,有时由于花粉粒大小呈连续性分布,区别花粉粒的大小就不太容易。在测定花粉粒直径时,一般用醋酸洋红染色,如果 $2n$ 花粉存在,每个样品最少观察 200 粒花粉,只计数那些饱满且染色很深的花粉来计算 $2n$ 花粉的频率。其次,进行 $4x \times 2x$ 或 $2x \times 4x$ 测交。由于三倍体障碍机制（Marks,1966）,$4x \times 2x$ 或 $2x \times 4x$ 杂交很难产生三倍体,因此可以根据以上两种组合方式的结实性来判定植株是否产生 $2n$ 花粉。

②确定 $2n$ 配子的类型。对确定产生 $2n$ 配子的植株需作减数分裂行为的观察,以明确其产生 $2n$ 配子的类型,即是属于第一次分裂核重组（FDR）还是第二次核重组（SDR）类型。

（三）恢复四倍体的倍性

对产量和主要农艺性状来说,马铃薯的最佳倍性水平是四倍体。在二倍体水平上进行改良和选择后,还应恢复四倍体的倍性。可采用以下三种组合方式进行有性多倍化。

1. $4x \times 2x$ 组合

采用该组合方式进行有性多倍化,在选择亲本时应注意以下问题:

（1）$4x$ 亲本应与 $2x$ 杂种中的双单倍体亲本无亲缘关系,以避免近亲交配。

（2）$4x$ 亲本对当地的生态条件应具有较好的适应性以及好的块茎性状。

（3）$4x$ 亲本还应具有开花繁茂和育性良好的特性,以利于授粉后可获得大量的浆果/株和种子/浆果,降低制种成本。如果 $4x$ 亲本雄性不育则更好,这样可以不必去雄,简化杂交手续。

（4）$2x$ 亲本应具有适当的成熟期、块茎类型。

（5）$2x$ 亲本应开花繁茂,能够产生大量的花粉。

（6）$2x$ 亲本产生的 $2n$ 花粉频率要高,最好是 FDR 类型。

（7）最为重要的是 $2x$ 杂种还应具有 $4x$ 亲本不具备的性状,而这些性状是当前或以后马铃薯生产所需要的。

由于 $2n$ 花粉便于研究,因此该组合方式是目前科研和生产中利用的主要方式。

2. $2x \times 4x$ 组合

该杂交组合方式要求:

（1）$4x$ 亲本与 $2x$ 亲本的双单倍体无亲缘关系。

（2）具有良好的适应性和块茎类型。

（3）$4x$ 亲本也应具有开花繁茂和高度的雄性可育性等特性。

（4）$2x$ 亲本应具有适当的成熟期、块茎类型。

（5）能产生高频率的 $2n$ 卵。

（6）$2x$ 亲本要具有 $4x$ 亲本没有的目标性状。

由于对 $2n$ 卵进行研究较困难,且 $2n$ 卵发生的频率也较低,因此目前对该组合方式的利用少于 $4x \times 2x$。

3. $2x \times 2x$ 组合

以上两种组合方式是单向有性多倍化,可以采用 $2x \times 2x$ 的组合方式进行双向有性多倍化。在选配组合时应注意：

（1）两 $2x$ 亲本应无亲缘关系。

（2）具有适当的成熟期及块茎类型。

（3）母本能产生 $2n$ 卵，而父本能产生 $2n$ 花粉。若二者都是 FDR 类型，对生产整齐一致的后代群体更为有利。

二倍体种或二倍体杂种一般来说除产生 $2n$ 配子外也同时产生 n 配子。$4x$ 和 $2x$ 之间交配（$4x \times 2x$ 和 $2x \times 4x$），由于三倍体障碍的作用，产生的后代绝大多数是 $4x$。$2x \times 2x$ 组合产生的后代既有 $2x$ 又有 $4x$，$2x$ 和 $4x$ 后代的频率依不同组合而有差异（Mendiburu and Peloquin，1977）。$2x \times 2x$ 组合的 $4x$ 后代可用染色体计数的方法进行鉴定。也可采用其他方法，如计数气孔保卫细胞中叶绿体数目。

思考与练习

1. 什么是双单倍体、二倍体、单倍体？双单倍体与二倍体有何区别？

2. 影响双单倍体产生的因素有哪些？

3. 简述花药的离体培养的基本原理与方法。

4. 分解育种法分哪几个阶段？各阶段如何进行？

项目八 马铃薯实生种子和杂种优势利用

1. 掌握马铃薯杂交实生种子生产技术。
2. 了解马铃薯利用实生种子选育品种的基本程序、马铃薯自交在选育杂交实生种子中的作用。

学会操作马铃薯杂交实生种子生产技术。

任务一 马铃薯实生种子生产技术基础

一、利用马铃薯实生种子的意义

（一）马铃薯实生种子和实生薯

马铃薯为自花授粉作物,自花授粉、受精后形成果实和种子,这种通过有性过程产生的种子是植物学意义上的真正种子,是具有典型种子解剖结构和种子特征特性的种子。为了与无性繁殖的播种材料种薯区别,称其为实生种子。由马铃薯实生种子播种长出的植株所结的块茎称为实生种薯或实生薯。

（二）马铃薯实生种子在生产上的意义

1. 节省种薯

一个马铃薯浆果可结 $160\sim200$ 粒种子,一株有 $20\sim30$ 个浆果,可结籽 $4000\sim6000$ 粒种子,千粒重为 0.5g,即一株有 $2\sim3g$ 种子。用实生种子生产马铃薯,育苗移栽时只需 $75\sim90g/hm^2$。如果用块茎作种薯播种,则需 $1500\sim2250kg/hm^2$,前者可节省大量种薯。

2. 便于运输

用块茎做种薯,体积大,水分含量高,调种时需要大量人力和运力,运输途中易损伤、腐烂,有时种薯带病,病害随种薯传播蔓延。实生种子体积极小,用量少,便于包装和邮寄,所需费用少,且杜绝了种薯传病。

3. 便于贮藏

马铃薯实生种子体积小,便于贮藏,只要种子干燥,可贮藏较长时间。荷兰人在 1954 年采集马铃薯种子,在 5℃下贮藏,1979 年做发芽试验,发芽率为 80% 以上。

4. 脱毒、防病

马铃薯通过有性繁殖生产的实生种子,有摒除自身病毒的作用(除 PSTVd 和 PVT

外),能生产无病毒和病原的实生种子和实生薯。与人工茎尖组织培养脱毒,直到繁殖出种薯利用于生产,一般需要 3～4 年相比,实生种子当年可生产出实生薯,翌年即可作为种薯投入生产,繁种周期短、见效快。

此外,马铃薯为同源四倍体,遗传上有极复杂的异质性,任何品种的实生种子及其实生薯都有不同程度的分离,对商品薯质量要求高(生物学特性等的一致性、品种的专用性)的地区不宜用实生种子和实生薯生产。其只能用于交通不便、运输困难的山区,如中国的云南、贵州等高海拔地区,农民自繁自用,不作为商品流通。

二、马铃薯花的结构及其开花特性

(一)马铃薯花的构造

马铃薯四倍体栽培种为自花授粉作物,天然杂交率仅为 0.5%～1.0%。马铃薯花为聚伞花序,由花柄、花萼、花冠、雌蕊、5 枚雄蕊组成。花药、柱头等花器较大,适合人工授粉、配制单交种。

(二)马铃薯的开花习性

马铃薯从出苗到开花所需要的时间因品种而异,也受栽培条件的影响。一般早熟品种从出苗至开花需 30～40d,中晚熟品种需 40～55d。在我国的中原和南方二季作地区,秋、冬季栽培的马铃薯,因日照和温度等原因,经常不能正常开花。马铃薯的花一般在上午开放,晚间闭合,第二天再继续开放。每朵花的开放时间为 3～5d。每个花序日可开放 2～3 朵花,一个花序开放的时间持续 10～15d。早熟品种一般只抽出一个花序,开花持续的时间短,当第一花序开放结束后,植株即不再向上生长;中晚熟品种能够抽出数个花序,花期长,在条件好的地区,每个植株可持续开花 40～50d。

(三)成熟与受精

开花后雌蕊即成熟,成熟的雌蕊柱头呈深绿色,具油状物,用手触摸有黏性感。雄蕊一般开花后 1～2d 成熟,也有少数品种开花时与柱头同时成熟,或开花前即已成熟散粉。成熟的花药顶端开裂 2 个小孔,裂孔边缘为黄褐色时,花粉即已从裂孔散出。

马铃薯受精发生在授粉后 36～45h,通常也存在双受精方式。胚乳核在授粉后 60～70h 分裂。授粉后 7d 合子可分裂形成胚细胞,12d 左右形成圆形胚。

马铃薯开花结实对温度、湿度和光照条件十分敏感。一般在 18～20℃,相对湿度为 70% 时最有利于开花。在孕蕾、开花初期,尤其在现蕾前,天气干旱时,结实率极低,因此,采用人工灌水、小水勤浇降温,可显著提高结实率。

(四)花粉的孕性测定

马铃薯的结实性主要由花粉和胚珠孕性的遗传基因控制。马铃薯的花粉育性大致分为 3 种类型:能育花粉达到 90%;能育花粉达到 50%;花粉不育。花粉不育的只能作母本。因此,进行杂交授粉之前,须进行花粉育性鉴定。马铃薯花粉不育是非常普遍的。一般采用染色法进行鉴定。

三、马铃薯果实和实生种子的特性

(一)坐果及结籽

马铃薯开花后,无论是天然开放授粉还是人工杂交,受精后,其小花梗 1 周内变粗,向下弯曲,子房开始膨大形成浆果;30～40d 浆果变软,果皮由绿色逐渐变成黄白或白色,并散发出水果香味,表明已经成熟。每个浆果含种子100~200粒,少者30~40粒,最多可达600粒。人工杂交制种的坐果率较低,浆果中的种子也较少,$4x·2x$杂交时种子更少。成熟的种子,休眠期有6个月左右。当年采收的种子发芽率仅为50%~60%,经贮藏1年后,发芽率可达90%以上。实生种子的发芽适宜温度为18~25℃。处于休眠的实生种子可用赤霉素(GA$_3$)1500mg/kg水溶液处理12h,提高催芽效果。

一般开花期在日平均气温18~20℃,空气相对湿度80%~90%,日照时数12h以上的自然条件下,开花繁茂,人工杂交和天然授粉的结实率都高。气温为15~20℃,可产生较多的正常可育花粉;达到25~35℃时,花粉母细胞减数分裂不正常,花粉育性降低。

此外,在花柄节处形成离层,从而造成花蕾、花朵和果实脱离,也是杂交不育的原因之一。遗传上的自交不亲和性、雄性不育、生理不育或胚珠退化等也影响开花和结实。

(二)防止落花落果的措施

为了防止落花落果,提高结实率,在播种时预先施足氮、磷、钾复合肥料,可促进幼苗生长和花芽分化。现蕾前如果遇到天气干旱,应采取人工小水勤浇,以增加田间湿度、降低地温。这一措施对提高结实率的效果十分显著。此外,摘除花序下部的侧芽,可减少养分消耗,使养分集中到花序的上部,促进开花结实。在孕蕾期用20~50mg/kg赤霉素喷洒植株,也可防止花芽产生离层,刺激开花结果。在花柄节处涂抹0.2%萘乙酸羊毛脂,可以防止落花落果。根外喷施微量元素或磷酸二氢钾,亦可促进开花结实。有条件的地区可适当增加氮肥施用量,促进茎叶及花序生长,或实行喷灌,提高空气湿度,都可促进开花结实。

四、马铃薯实生苗、实生薯

(一)生育期

在实生苗的整个生育过程中,出苗后最初的50~60d内生长极为缓慢,之后生育旺盛,植株繁茂程度甚至超过一般由块茎长成的植株。实生苗的生育期较由块茎繁殖的长得多,一般为150~170d。而由块茎繁殖的,中晚熟品种的生育期为120~130d。此外,由于实生种子细小,土壤干旱、覆土过厚均不利于出苗。因而,栽培实生苗,催芽后,宜采用温床或冷床育苗方法。

(二)实生薯产量

实生苗当年的块茎(实生薯)产量取决于亲本和杂交组合及栽培方法。如选用适宜品种的天然实生种子或品种间杂交种,并采用温床育苗,满足其所需要的生育期,实生苗当年也可获得15000~22500kg/hm²的产量。例如黑龙江省勃利县1972年栽植的实生苗平均单产为17464.5kg/hm²,其中波兰1号×卡它丁的产量为19125kg/hm²。内蒙古乌兰察布盟的巨宝庄1975年栽植实生苗0.53hm²,平均单产达到了27000kg/hm²。同时,优良单株块茎的商品薯率也高。如果用实生种子直播,尤其是在北方一季作地区,由于无霜期短,实生苗得不到充分发育,只结有直径为3~5cm的小块茎。

(三)性状分离

实生苗在当年可以明显观察到单株间在株型、花色、薯形、抗病性、块茎产量等方面的分离现象。现有的马铃薯品种均是杂种的无性繁殖系,是杂合性的,性状分离的实质在于配子分离,因此,任何一个品种的天然自交种子和品种间杂交实生种子的实生苗群体都有性状分离现象。因此,利用实生薯留种时,应对实生苗所结的实生薯进行选择(单株选或混合选),

淘汰经济性状不良的块茎。这样不仅能充分发挥实生薯留种的增产效果,同时,在生产过程中采用单系选的留种方法,边用边选,还能育出综合性状超过现有推广品种的无性系,或育成新品种。

任务二　马铃薯实生种子生产技术

一、天然实生种子与杂交种子

马铃薯实生种子生产包括采收天然浆果(自交)和人工授粉生产杂交种子两种技术。天然结实主要靠品种自身的特性和适宜的开花授粉条件,结合促进开花结实栽培措施的利用。人工杂交制种是比较复杂的,人工制种是马铃薯杂种优势利用的基本途径,在获得大量杂交种子的基础上,用栽培的实生苗生产实生薯。用实生薯生产原原种,经过加代繁殖,生产具有脱毒效果的生产用种薯,对原有的退化品种和种薯进行更新换代。

二、杂交实生种子的生产技术

(一)采集花粉

于授粉前 1d 清晨露水干后(上午 8—9 时),摘取父本当日开放的花朵,此时花朵的状态是花药尖端呈乳白色。如花药尖端呈黄褐色或黑褐色,则此花为前 1～2d 已经开过的花,花粉已经大量散出。取当日花 20～50 朵(视授粉量酌定)。将不同父本的花朵分别装在专用的纸袋内,袋上注明父本品种名称,以防花粉混杂。将采好的花朵立即携回室内,用镊子将花药摘下,放在大培养皿内的光滑纸上,并用铅笔在纸上注明花粉品种名称,然后将其置于空气干燥的室内阴干 18～24h(避免阳光直射)。如遇到雨天,室内湿度大,影响花粉干燥,可用 40～60W 灯泡加温干燥,温度勿超过 30℃。授粉前,将已经阴干的花粉全部倒入干净的小瓶内,将瓶口塞上脱脂棉,瓶上贴标签注明花粉品种名称。每个小瓶倒入的花药和花粉不宜过多,不能超过容积的 1/4,否则会影响蘸取花粉。如遇连雨天,不便进行授粉,或需要大量存留花粉,可将已经阴干好的花粉瓶置于干燥器内,避免阳光直射。这样保存 15d 后仍有 56% 的花粉有生活力。马铃薯的花粉在低温条件下丧失生活力较慢,如果将干燥花粉贮藏在 −20℃ 下,生活力可保持 5 年以上。

(二)授粉

马铃薯的杂交成功率与授粉时间有关。授粉后 12h 内应避免日晒,否则会影响花粉粒的发芽。晴天,授粉时间应在下午 3 时到傍晚为宜;阴天的授粉时间不限;小雨无妨,可带伞授粉。授粉后临时套上羊皮纸袋,以免雨水冲落花粉,影响结实。于第二天清晨日晒前或停雨后摘去纸袋,避免袋内温度高,导致落花不实。母本雄花能育者,如燕子、多子白等,则必须在花蕾时去雄,保证花药没有散粉。如母本雄花不育,则不必去雄。授粉时,先将花序上开放的花和幼小花蕾摘掉,保留次日即将开放的着色花蕾。每花序选留 7～8 朵授粉花,较小的花蕾可留至第二天授粉,并对已授粉的花重复授粉。授粉工具可用自制橡皮笔,即取 15cm 的粗竹棍,将其一端削尖,插上一块类似铅笔头大的软硬适度的橡皮。授粉时将橡皮笔伸入花粉瓶,用橡皮头蘸取花粉。可将小瓶倾斜,使花粉和花药集中于瓶底一侧,蘸取附着在瓶壁上的花粉,勿使橡皮头触及花药。将花粉涂于母本花的柱头上。当小瓶内花粉将用尽时,可用手指轻轻弹击小瓶外壁,将残存在花药内的花粉弹出,以供继续使用。

如授粉母本是雄性不育,可由1人整花,1人随后授粉。如果授粉母本是雄花可育,则由3人组成,2人在前整花去雄,1人相继授粉。如果集中配制1～2个杂交组合的实生种子,可事先标记杂交母本株的行号,例如甲×乙为第一至第五行,甲×丙为第七至第十二行,两组合间空一行,以免落果混杂。这样,便无需挂纸牌标记授粉花,也无需用沙袋套浆果避免落果混杂。但是应注意将未经人工授粉的母本花全部摘掉。

采用简易授粉法,在开花盛期,平均1个人在10～15d内(上午采集花粉,下午授粉)可制取杂交种子100g左右,供栽植实生苗0.67～1hm²。

(三)采集浆果及种子

马铃薯未受精的花经4～5d即脱落。浆果受精后15d左右直径可达1.0～1.5cm。浆果发育1个月左右常自然成熟脱落。因此,如测交组合较多或供试验用,在授粉后2～3周内即用纱布袋将浆果套住,并系在茎枝上,以免落果混杂。当浆果变白、变软时即可按组合采收。在晚疫病发生的年份,一些不抗病的浆果也易感病而变黑、腐烂,影响种子发育。因此,趁浆果未感病时,虽然未成熟也应立即采收,挂于室内后熟,待变白、变软时采种,丝毫不影响种子发芽。如果授粉较晚,临霜冻时浆果仍然未成熟也可以采收,挂于室内后熟。一般受精后30d的种子就有发芽能力。

采洗种子时,按杂交组合采洗。将浆果置于水碗或水盆内用手揉碎,将浆液、果皮和种子倒在筛孔略大于种子的筛子上,放在水盆内,漂去果皮和杂质,然后将种子倒在吸水纸上晾干。晾干的种子装入纸袋内,注明杂交组合名称。马铃薯实生种子可以长期储存,在一般干燥、温度较低条件下可储存5年,在密封干燥的低温条件下可贮藏10年,仍有较高的发芽力。近年来,由于生产实生种子的亲本感染纺锤块茎类病毒(PSTVd),严重影响实生薯的产量。为此,应对生产实生种子的亲本,采用往返聚丙酰胺凝胶电泳法筛选未感染PSTVd的块茎,生产健康的实生种子,提高实生薯的产量。

三、马铃薯天然实生种子的品种选育

(一)天然实生种子的品种选育目标

1.北方一季作区

选育适合淀粉加工,抗晚疫病、环腐病、黑胫病,后代性状分离小的实生种子的品种。

2.中原二季作区及南方二季作区

选育适合菜用且抗青枯病、晚疫病,后代性状分离小的中早熟实生种子的品种。

3.西南单双季混作区

选育抗晚疫病和癌肿病、高产优质、能天然结实且性状分离小的品种。

(二)天然实生种子的品种筛选和利用

生产天然实生种子的品种,其种子产生的实生苗、实生薯的无性繁殖系的主要性状分离较小才有利用价值。研究人员以多子白(292-20)、小叶子(B76-16)、苏联红品种的天然实生种子繁殖的实生薯群体,与原品种进行对比试验,结果表明,自交实生种子繁殖的实生薯,其无性一代比亲本品种(对照)分别增产30.8%、140.0%、169.2%(其中有汰除病毒的作用)。第二年将所收获的无性二代按不同类型分区试验,结果表明,多子白比对照增产19.6%;小叶子分为4个熟期类型,分别比对照增产15.7%～81.5%;苏联红分为3个皮色类型,分别

比对照增产 17.1%～105.6%。初步确认,无性一、二代都表现增产。其后,经过生产试验进一步明确了用实生种子繁殖的实生薯的增产效应。之后,研究人员进一步对马铃薯原始材料圃中 80 个能够天然结实品种的实生种子后代的分离情况进行了观察,其中分离出 4 个类型的品种 1 个,3 个类型的品种 3 个,2 个类型的品种 11 个,分离程度较小的品种 65 个,从中发现比原品种增产 20% 以上、病毒型退化指数在 2.3 以下、主要性状分离较小的品种 10 个。从这些品种中采收的天然实生种子后代,出苗期大多提前,开花期普遍推迟,植株高度有所增加,生长势显著增强。时隔数年进一步试验,筛选出主要经济性状分离较小、抗病、增产的天然结实品种,有克疫、金苹果、米拉、农林 1 号、阿奎拉、克新 2 号和里奥娜。其后,内蒙古乌兰察布盟农业科学研究所、原东北农学院以及协作组相继又筛选出燕子、疫不加、乌盟 601、自薯 1 号等生产可利用的天然实生种子的品种。由于天然实生种子生产技术简单,实生薯留种的增产效果较好,可因地制宜推广。

马铃薯天然实生种子主要是自花授粉产生的,不同于品种间或自交无性系间的杂交种子,它基本上不具有强的杂种优势。马铃薯由天然实生种子繁殖的实生薯及其无性系之所以能够增产,主要是通过有性繁殖,在实生种子中汰除了病毒(PSTVd 除外)和病原菌,能够生产出基本无任何病原的马铃薯,从而获得了增产。

知识链接

马铃薯实生种子利用和发展概况

1. 天然实生种子的利用

现有的马铃薯品种大都是杂种的无性繁殖系,遗传基础上都是杂合体。在利用现有马铃薯品种的天然实生种子生产实生种薯时,实生苗单株间在性状上发生分离。这就是实生种子利用于生产的主要问题,以致影响了实生种子在生产上的广泛应用。

研究人员分析了前苏联马铃薯实生种子在生产上长期得不到发展的原因,除了上述性状分离问题外,还因为自花授粉的损害,即以自花授粉所获得的天然实生种子进行繁殖,经过若干个有性世代后就会产生生活力衰退,造成块茎产量逐代下降。

2. 国内发展概况

(1)实生种子研究初期

我国于 1959 年由原东北农学院、黑龙江省马铃薯研究所、中国科学院遗传研究所和内蒙古乌兰察布盟农业科学研究所组成马铃薯实生种子利用研究课题协作组,开展了利用实生种子生产种薯和商品薯的研究工作。1960—1962 年,内蒙古乌兰察布盟农业科学研究所的张鸿逵先生对马铃薯原始材料圃中 80 个能天然结实品种的实生种子后代进行鉴定,筛选出主要经济性状基本一致、抗病、高产、能天然产生实生种子的品种克疫。其后,乌兰察布盟农业科学研究所、原东北农学院等又相继筛选出燕子、疫不加、乌盟 601、自薯 1 号等能天然结实产生实生种子的品种。

克疫别名老不死,引自捷克,是晚熟品种。课题协作组对该品种进行了实生种子生产商品薯的研究,于 1973 年向四川、云南山区提供实生种子进行生产试验。利用克疫实生种子生产实生薯,留种增产极为显著。因此,实生种子的利用技术很快在中国西南山区(包括云、贵、川、湘西、鄂西等高寒地区)大面积推广。

(2)西南山区利用实生种子促进了马铃薯发展

我国西南山区马铃薯春季一作区多位于海拔 2000～3000m 处,年降雨量达 1500～2000mm,无霜期长,约 250d,自然条件极适合马铃薯实生苗的生长发育,可以进行露地直接播种。西南山区晚疫病常年流行,且栽培品种多已感染病毒,退化严重,一般单产仅有 5250～6000kg/hm²,种植实生苗当年所结的实生薯就有显著的增产效应。例如,云南丽江于 1975 年移栽克疫的实生苗 26.7hm²,平均单产达 18750kg/hm²。

西南山区交通不便,种薯调运困难,山上种植马铃薯的种薯要靠人背上去。马铃薯的用种量较大,农民从山下大量背运种薯换种,困难很多。而实生种子体积很小,邮寄 10g 种子即可供栽苗 667m²。云南省丽江和宁蒗两县于 1976 年栽植克疫实生苗 100hm²,仅节约种薯就达到 185t,生产成本大大降低。

内地生产实生种子供应西南地区应用,极大地推动了实生种子的利用和发展,并在西南地区开展了利用实生薯更新当地退化品种的工作,受到了农民的欢迎,带动了马铃薯生产的发展。

(3)实生种子与杂种优势利用

人们在开发利用天然实生种子的同时,开始了杂交实生种子利用和杂种优势研究。1969 年,原东北农学院配制早熟及中晚熟品种间杂交实生种子共 15 个组合,分别提供黑龙江省勃利县和安徽省界首县进行生产试验,结果表明品种间杂种实生薯的产量较天然结实的实生薯增产 20%～50%;随后又批量配制中晚熟品种间杂交实生种子(Epoka×卡它丁,Mira×卡它丁)提供云南丽江、宁蒗、四川会东、会理和冕宁进行生产试验,增产效果亦非常显著。

为了解决马铃薯品种间杂交后代性状分离的问题,课题协作组开展了马铃薯自交效应的研究,选育出普通栽培种的 6 代自交无性系(非纯系,与玉米自交系的概念不同)、新型栽培种的 5 代自交无性系和单交种的 4 代自交无性系。这些材料的选育大大地提高了近缘种间、品种间杂交的配合力和杂种优势,无论在提高品种选育的效果上,还是在后代群体的利用上都起到了积极作用。为了提高马铃薯实生苗对晚疫病的田间抗性,原东北农学院从新型栽培种实生种子的实生苗中选出 300 余份优良无性系于四川螺吉山(海拔 2700m,年降雨量 1500～1800mm)继续进行了两个周期的轮回选择,入选对晚疫病具有高度田间抗性、薯形圆整、块茎产量高的优良无性系 40 余份,后被广泛利用于育种,其中选育近缘种之间的杂交种和杂种优势利用是主要目标。

"六五"和"七五"期间,马铃薯实生种子利用和杂种优势的研究被列为国家攻关课题,有以下研究内容:

①利用新型栽培种与普通栽培种杂交,配制杂交实生种子,利用其杂种优势,提高实生薯的产量及对晚疫病的田间抗性。

②对二倍体栽培种杂交种 Stenotomum-Phureja 进行轮回选择,选育块茎圆整、芽眼浅、薯皮黄色或白色,并产生 FDR $2n$ 花粉频率达 25% 以上的优良无性系。

③利用 IVP35 充作"授粉者",诱导新型栽培种产生双单倍体(Dihaploid),与二倍体栽培种(具有 $2n$ 花粉)杂交,选育(Stenotomum-Phureja×Dihaploid Andigena)杂种无性系。

④配制 Tuberosum×(Stenotomum-Phureja×Dihaploid Andigena)杂交组合,生产杂交

实生种子,能够集中普通栽培种、新型栽培种和二倍体栽培种的优良特性,使实生苗和实生薯群体的经济性状整齐一致,并具有明显的杂种优势,进一步提高块茎产量。

⑤利用雄性不育的普通栽培种作母本,减少配制杂交种时去雄的工作量,以降低生产杂种实生种子的成本。同时,开展选育具有核-质雄性不育的普通栽培种和新型栽培种的研究工作。

"七五"期间参与该项攻关课题的科研单位有 20 个,先后提供给云南、四川、内蒙古等地杂交实生种子(Tuberosum×Andigena)35kg,较品种间杂种增产 30%～40%。先后选育的上述组合的中晚熟杂交种有东农H_1、呼H_1、呼H_2、克H_1、克H_2、晋H_1、乌H_1、恩H_1;早熟杂交种有中蔬H_1 和东农H_2。

20 世纪 70 年代以来,西南山区利用实生种子生产马铃薯的面积已达 1.33 万公顷,1979 年国际马铃薯中心在菲律宾马尼拉召开第十九届国际马铃薯科研规划会议,其中心议题为"利用实生种子生产马铃薯"。原东北农学院著名马铃薯遗传育种专家李景华教授宣读的《中华人民共和国利用实生种子生产种薯和商品薯》论文,受到了好评。中国实生种子利用的成就已经引起国外同行和国际马铃薯中心的重视。

20 世纪 80 年代,马铃薯实生种子的利用面积有所下降,其主要原因是实生薯单位面积产量下降。生产实生种子的品种和配制杂种的亲本已经不同程度地感染了纺锤块茎类病毒。针对这一问题,一些单位已经采用往返聚丙烯酰胺凝胶电泳(R-PAGE)方法筛选未感 PSTVd 的亲本块茎作杂交亲本。

"七五"结束后,中国在马铃薯实生种子利用研究方面取得了许多成果,发表了较多的学术论文。马铃薯杂交实生种子制种和开发应用情况见表 8-1。

表 8-1 我国马铃薯杂交实生种子制种和开发利用情况(引自孙慧生,2003)

单 位	时 期	实生种子制种量 (kg)	实生苗面积 (hm²)	实生薯面积 (万 hm²)
内蒙古呼伦贝尔盟农业科学研究所	"七五" "八五"	12.20 6.60	 86.7	0.27 11.37
东北农业大学 (东北农学院)	"七五" "八五"	2.70 3.40	 43.3	0.029 0.61
内蒙古乌兰察布盟农业科学研究所	"七五" "八五"	2.70 4.94	 248.0	0.71 0.35
山西高寒作物研究所	"七五" "八五"	1.70 2.10	 14.0	0.23 7.17
黑龙江省克山马铃薯研究所	"七五" "八五"	1.00 2.70	 6.67	0.08 0.41
中国农业科学院蔬菜花卉研究所	"七五" "八五"	0.25 0.35	 34.3	0.014 0.15
总 计		40.64	433.0	21.40

3. 国外发展概况

前苏联是最早利用实生种子生产马铃薯的国家。早在 20 世纪 30 年代,前苏联马铃薯育种家用 100g 实生种子直播 1hm^2 实生苗,生产实生薯仅 2~3t。20 世纪 50—60 年代,前苏联针对生产上利用实生种子存在的问题开展研究,但是没有重大突破。至今仍有一些科学家从事该项研究工作。

国际马铃薯中心于 1974 年将"利用实生种子生产马铃薯"列为重点研究项目。其根据是在发展中国家利用实生种子生产马铃薯是有前途的。国际马铃薯中心、印度和新西兰等国对我国为解决实生种子直播的困难,采用冷床密植育苗和移栽生产实生薯,进而生产商品薯的方式产生了很大兴趣。因此,我国与国际马铃薯中心在利用实生种子生产种薯和商品薯的方面开展了多项合作研究。

国际马铃薯中心充分利用其丰富的种质资源、人力和物力条件,进行选育实生苗群体性状分离小或不分离的杂交亲本的研究,还开展了实生种子的生理学、育苗技术和实生种子生产技术等研究。

此外,美国、荷兰和国际马铃薯中心的一些科学家还利用 2n 配子和无融合生殖等手段选育实生种子群体性状分离小的亲本和杂交组合。自 1985 年以来,印度、巴西和智利每年均生产 20~30kg 杂交实生种子用以生产种薯和商品薯,其较天然实生种子及对照品种增产 20%~30%,达到显著水平。

任务三 自交无性系的选育及其杂种优势利用

一、马铃薯自交在选育杂交实生种子中的作用

利用实生种子生产马铃薯需要解决以下问题:实生苗群体性状分离;提高杂交实生苗的杂种优势;利用雄性不育无性系作母本简化制种程序。为解决实生种子的分离问题,增强杂交实生种子的杂种优势,对亲本(包括杂交亲本和天然自交品种)进行自交无性系选育是一条重要途径。优良的自交无性系是马铃薯杂种优势利用的基础材料。但并不是任何两个自交无性系间的杂种都具有很强的杂种优势或很高的产量,需要对自交无性系进行选择,对杂交组合进行鉴定,筛选出配合力强、高产、优质的杂交组合,生产杂交实生种子,进而生产杂交实生薯。

我国是世界上较早开展马铃薯杂种优势研究和利用的国家。原东北农学院从研究实生种子的利用时就开始选育纯合程度高的马铃薯自交无性系,通过自交无性系间的杂交产生杂交种子,利用后代基因型的异质性产生杂种优势,提高产量,至 1978 年已经选育出普通栽培种 7 代自交无性系、杂交种 6 代自交无性系和新型栽培种 5 代自交无性系,并进行了各种类型自交无性系间杂种优势的测定,结果表明杂种优势明显,后代群体的整齐性比品种间杂交后代好得多,可以在生产上直接利用。1979 年原东北农学院配制了上述各种类型的杂交组合 50 多个,获得了进行配合力测定的试验材料,1980 年进行了 F_1 实生苗整齐性的研究,1981 年进行了无性世代的配合力研究,以及自交和杂交的遗传效应研究,取得明显的结果。同时,内蒙古呼伦贝尔盟农业科学研究所等也做了相似试验,均取得了一致的结果。

二、马铃薯的遗传特点和自交效应

马铃薯无性繁殖的特点可得到性状一致的无性繁殖系,但对于马铃薯有性繁殖的实生

种子的遗传特点比其他作物研究得少。为了更好地利用马铃薯实生种子,有必要了解一些马铃薯遗传上的基本原理,以便指导实生种子的选育。

（一）马铃薯的遗传特点

1. 染色体倍性复杂

普通栽培种马铃薯是同源四倍体($4x$),染色体数目 $2n=48$。在马铃薯的资源中,以二倍体($2x$)野生种和栽培种最多,约占 $3/4$。马铃薯资源中亦有三倍体($3x$)、五倍体($5x$)、六倍体($6x$)。由于马铃薯可以无性繁殖,因此奇数倍性染色体也可以存活。在自然条件下,无论是有性杂交产生的变异,还是自然突变(例如芽变等)均可通过无性繁殖保留下来。马铃薯的减数分裂也是比较复杂的,产生的配子类型较多,不像二倍体植物那样简单、准确。

2. 基因型的杂合性

自从人类开展马铃薯杂交育种以来,无论杂交亲本的马铃薯基因型纯合与否,都是从其杂交的 F_1 实生苗开始选择,无性系世代进行决选,入选的单株通过无性繁殖稳定其遗传特性,成为品系和品种。所以最初育成的品种的基因型就是杂合性的。用这些品种继续作为杂交亲本,其杂交后代 F_1 代就开始分离。开放受粉品种的种子,其后代也是分离的。

3. 四倍体遗传特点

普通马铃薯栽培种是符合同源四倍体遗传规律的。同源四倍体植物一般都是由同一物种的二倍体染色体数加倍而成的。因此,在同源四倍体的体细胞中的同源染色体有 4 个成员。两个等位基因可能组成 5 种基因型,由一个位点 A/a 组成的基因型和它的相应名称如下:

$$AAAA \qquad 或 A_4 \qquad 四式$$
$$AAAa \qquad 或 A_3a_1 \qquad 三式$$
$$AAaa \qquad 或 A_2a_2 \qquad 复式$$
$$Aaaa \qquad 或 A_1a_3 \qquad 单式$$
$$aaaa \qquad 或 a_4 \qquad 零式$$

在减数分裂时,同源染色体大多数呈 2-2 配合。但是,由于染色单体之间发生交叉的位点有多有少,因此到终变期和中期则形成各种性状的染色体,如四价体、三价体加 1 个单价体、2 个二价体以及 1 个二价体和 2 个单价体等。因此,后期染色体的分开有 2-2 及 3-1 等形式。同时,形成的小孢子会有染色体数量上的差异而产生非整倍性配子。这也是造成同源四倍体部分不育的原因之一。同源四倍体的遗传规律显然比普通的二倍体复杂,由于 4 条染色体都是同源的,其每个配子中的同源染色体有 2 个。配子可以是真正的杂合体(如 Aa 等),这是二倍体遗传不具有的。四倍体遗传就每一基因位点而言,应有相同的 4 份。如具有某一对同型显性基因亲本的基因型为 $AAAA$,则其同型隐性亲本的基因型应为 $aaaa$。当其杂种($AAaa$)形成配子时,如果染色体随机分离,就有 6 种组合,产生配子类型的比例为 $5A:1a$(即 6 种组合为 $1AA:4Aa:1aa$)。在 $AAaa \times aaaa$ 的测交中,会得到 $5A:1a$ 的表现型比例,而在 $AAaa$ 的自交后代中,则会得到 $35A:1a$ 的表现型比例。由此可见隐性 a 性状在杂种后代中的出现率远比二倍体中的出现率少(二倍体为 $3A:1a$)。当然出现纯 AA 的概率也同样为 $35:1$。在染色体随机分离的情况下,如果是一对等位基因时,其后代分离情况和频率如表 8-2 所示。

表 8-2　自交和杂交后代产生的基因型和表现型频率(染色体随机分离)(引自孙慧生,2003)

亲本基因型和交配类型	后代基因型表现频率					后代表现型显、隐比例
	A_4	A_3a_1	A_2a_2	A_1a_3	a_4	$A-$: $a-$
$A_4 \otimes$	全部					1 : 0
$A_3a_1 \otimes$	1/4	1/2	1/4			1 : 0
$A_2a_2 \otimes$	1/36	2/9	1/2	2/9	1/36	35 : 1
$A_1a_3 \otimes$			1/4	1/2	1/4	3 : 1
$a_4 \otimes$					全部	0 : 1
$A_1a_3 \times a_4$				1/2	1/2	1 : 1
$A_2a_2 \times a_4$			1/6	2/3	1/6	5 : 1
$A_2a_2 \times A_3a_1$	1/12	5/12	5/12	1/12		1 : 0
$A_3a_1 \times A_1a_3$		1/4	1/2	1/4		1 : 0
$A_2a_2 \times A_1a_3$		1/12	5/12	5/12	1/12	11 : 1

从表 8-2 中可以看出,分离出某性状的纯合个体几乎是不可能的。

(二)马铃薯的自交效应

1. 自交可增加同质结合

对杂交亲本,在杂交之前进行自交,可使其某些主要经济性状和特性增加同质结合程度,这对解决性状分离有一定意义。

2. 通过自交选育出新品种

通过自交,可以选育出马铃薯优良品种。山西高寒作物研究所从多子白自交后代中选育出的系薯 1 号、系薯 2 号等品种,具有经济性状好、抗病和产量高等优点,已经在生产上推广应用。

3. 实生种子利用中的自交选育研究

实践证明连续自交可以得到较高世代的自交无性系,这些无性系对于实生种子的杂种优势利用是有意义的。

4. 获得马铃薯自交无性系的限制因素

马铃薯自交无性系的选育是利用品种开放受粉获得实生种子,有些品种或品系由于开花性、花粉育性、结实等问题,不是所有的品种或品系都能够自交结实,因而限制了对马铃薯自交无性系的选育研究。

马铃薯获得自交种子后,进行育苗种植,结合育种目标进行综合性状的选择,入选优良单株的实生薯,其第二年的无性系,必须能天然结实,才能继代自交。因此,每进行一代自交选育,要经过实生苗和其无性繁殖系两代才能完成。连续自交植株的生活力和开花性减弱,且工作费时费力,长期坚持自交难度很大。马铃薯自交多代后,育性降低,通过自交后代无性系育性筛选,可以进行连续自交。由于马铃薯是同源四倍体,很难达到纯合,我国曾在对多个马铃薯品种连续自交和选育的实践中,得到过 8 代自交无性系。

三、马铃薯自交无性系间的杂交种选育

马铃薯自交无性系间杂交一般均具有杂种优势,但是并非任何两个自交无性系间的杂种都具有很强的杂种优势,必须进行测交试验,从中选择配合力高的杂交组合,配制杂交种

子供生产应用。也可以在后代群体中选择优良单株无性系,选育新品种。当自交无性系的主要经济性状基本稳定时,即可进行自交无性系配合力测定。配合力研究的试验设计,以采用不完全双列杂交和同亲回归两种比较适宜,既可以测定遗传效应,又可以科学评价亲本和组合。20 世纪 80 年代,全国协作单位在已经拥有较多优良自交无性系的基础上,重点加强了普通栽培种与新型栽培种自交无性系间杂交后代的测交工作。有许多杂交后代的抗病毒能力强,经济性状基本一致,群体淀粉含量高,一般比当地推广的品种增产 30%~80%。马铃薯产量的杂种优势主要是由单株结薯个数与块茎平均重量的乘积构成的,普通栽培种和新型栽培种的自交无性系的杂种优势表现在增加了结薯个数,所以在选择评价优良的组合时,应当在结薯个数少、块茎商品率高的基础上再筛选产量和其他性状。

四、育成的优良自交无性系及其主要性状

从品种疫不加中选育出自交无性系 S4,从克新 2 号×多子白的杂交后代选育出自交无性系 S9,从疫不加×卡它丁的单交后代选育出自交无性系 S12,从多子白中选育出自交无性系 S2,从爱德加中选育出 S5,从燕子中选育出 S1,从经轮回选择的新型栽培种(Neo-tuberosum)中选育出 7~11 代近 100 份优良自交无性系。这些材料已经超出原品种的某些特性,有的是高抗晚疫病、高淀粉、丰产,有的综合农艺性状优良,适宜作杂交生产实生种子的亲本材料。

山西省农业科学院高寒作物研究所和内蒙古呼伦贝尔盟农业科学研究所用多子白、阿普它、同薯 8 号、克新 2 号×多子白、疫不加×卡它丁和新型栽培种等为基础材料,从中选育出一批优良单系(表 8-3),经自交无性系间配制组合和鉴定,特别是普通栽培种和新型栽培种自交无性系间组配的杂交种,有较强的杂种优势。

表 8-3　马铃薯优良自交无性系主要性状表现(引自孙慧生,2003)

代号	花色	对晚疫病抗性	对病毒抗感性	薯形	皮色	肉色	丰产性	淀粉含量（%）
呼自 278	粉紫	强	抗 Y	椭圆	黄	黄	中	15.6
呼自 77-28	白	强	抗 Y、感束顶	圆	浅黄	浅黄	高	14.5
呼自 77-106	白	强	抗 Y、感卷叶	圆	白	白	高	15.1
呼自 79-16	白	强	抗 Y	圆	浅黄	浅黄	高	14.8
NS79-12-1	白	强	抗 Y	圆	白	白	高	15.0
同 8503-1	白	强	抗卷叶	圆	黄	黄	高	14.9
同 8504-1	白	强	抗 Y	扁圆	黄	黄	高	21.7
同 8506-2	白	强	抗 Y	扁圆	黄	黄	高	18.0
同 8516-14	紫	强	抗卷叶	圆	黄	黄	高	15.7
同 8516-15	白	强	抗卷叶	圆	黄	黄	高	17.7
同 8517-7	白	强	抗卷叶	长	红	黄	高	—
同 8401-7	白	强	抗 Y	长扁圆	黄	白	中	12.9
同 83-乙 17	粉	强	抗 Y、感卷叶	扁圆	黄	黄	高	16.7
同系薯 1 号	白	强	抗 Y	圆	紫	白	中	17.0

五、杂交实生种子亲本选配和杂种优势的利用

1986—1992 年,内蒙古呼伦贝尔盟农业科学研究所进行了天然实生种子选育,总结出利用天然实生种子最大的问题是产量较低。实生薯和无性一代的产量分析结果表明,仅10%的天然实生种子的产量超过对照品种克疫。经无性一、二代鉴定筛选出的 31 份杂交实生种子均比 6 份天然实生种子的产量高。随着制种技术的完善,筛选适于生产利用的杂交实生种子更有意义。杂交实生种子的利用将涉及亲本的选配问题。西南山区生长季节雨量充沛,常年流行晚疫病,利用实生种子时,特别需要选育对晚疫病具有高度田间抗性的杂交亲本和组合,并且其实生苗群体也应具有高抗性。我国和国际马铃薯中心都重视晚疫病水平抗性材料的筛选,以解决抗晚疫病的亲本问题。

(一)利用新型栽培种作杂交亲本产生更强的杂种优势

1. 新型栽培种(Neo-tuberosum)的应用价值

安第斯栽培种亚种(*S. tuberosum* ssp. *andigena*)具有丰富的基因库,具有对晚疫病的田间抗性;抗黑胫病和青枯病;对 PVX 免疫,抗 PVY,对 PVS 有过敏抗性;抗线虫;淀粉含量高;蛋白质含量高。

S. andigena 极易与 *S. tuberosum* 杂交,杂交后代具有高度自交育性。

由于 Tuberosum×Andigena 的杂交种有许多缺点,必须对 Andigena 进行多次轮回选择,选出适应长日照的新型栽培种。为了丰富这种新类型的基因库,Simonds 收集了南美较广泛的 Andigena 类型作为选择新型栽培种的原始基因库,其中包括 45%的玻利维亚 Andigena 类型、35%的秘鲁南部类型、10%的秘鲁北部类型和 10%的哥伦比亚类型。

2. 新型栽培种与普通栽培种杂交的杂种优势

我国在 20 世纪 70 年代后期进行了多年、多点、多材料的 T×A 配合力试验研究,多数结果表明两种类型的杂交具有明显的杂种优势。

3. 利用新型栽培种与普通栽培种杂交选育优良杂交组合生产杂交种子

鉴于马铃薯新型栽培种对晚疫病具有高度田间抗性,并且与普通栽培种杂交有明显的杂种优势,原东北农学院于 1980 年将经轮回选择(地点:四川省螺吉山)入选的新型栽培种无性系 20 余份(对晚疫病具有高度田间抗性、薯形圆整等优良综合经济性状)分别提供给内蒙古呼伦贝尔盟农业科学研究所、乌兰察布盟农业科学研究所、山西省大同高寒作物研究所、湖北省恩施天池山农业科学研究所、黑龙江省克山农业科学研究所进行异地鉴定,配制Tuberosum×Andigena 杂交组合,于 1985—1990 年先后育成的优良组合有东农 H_1、克 H_1、克 H_2,呼 H_1,呼 H_2,晋 H_1,乌 H_1 等,其实生薯产量较中熟对照克新 2 号品种增产 30%～40%。"七五"期间共生产 Tuberosum×Andigena 的杂交实生种子 23kg,推广杂交种实生薯面积1333.3hm²。

(二)双单倍体和 *2n* 配子的二倍体杂种的利用

1. 通过优良授粉者杂交诱发双单倍体

马铃薯的优良授粉者 IVP35 和其后来筛选的无性系 IVP48 及 IVP101,可以诱发马铃薯四倍体栽培种孤雌生殖,产生双单倍体。根据遗传学上的推断,四倍体被一次单倍化产生双单倍体的基因纯合程度大约相当于自交 3 代。栽培种双单倍体的产生,打破了四倍体种与二倍体种杂交的倍性障碍。双单倍体可以和占马铃薯资源 3/4 的二倍体近缘栽培种及野

生种杂交,产生二倍体杂种,扩大了遗传的异质性,产生杂种优势。

2. 马铃薯花药培养生产单倍体

马铃薯花药培养始于 1972 年,日本研究人员首次从二倍体野生种的花药培养中获得了 12 条染色体的植株。我国甘肃农业大学等单位也都在 20 世纪 80 年代初从四倍体栽培种,成功地获得了单倍体植株,经加倍后得到比较纯合的基因型,并已经作为一种育种手段用于实践。

3. $4x$-$2x$ 配合力的研究

东北农业大学在 20 世纪 80—90 年代做了大量 $4x$-$2x$ 的配合力研究。其中之一的试验是利用同亲回归的方法设计 20 个杂交组合,同亲父本为 W5295.7,母本为 4 种类型的 20 个自交无性系。研究表明,在 $4x$-$2x$ 的杂交后代中,杂种优势的出现是遗传上加性效应和显性效应及上位效应共同作用的结果,显性作用占有重要的地位,有的性状如结薯个数的显性效应甚至超过了加性效应。这些试验大体上可以说明近缘种间的杂种优势是极其显著的,利用杂种优势是可行的。

马铃薯 $4x$-$2x$ 的杂种优势利用中存在结薯个数多、块茎小的问题,可以从以下途径解决:选育 $4x$ 亲本的自交无性系,得到更纯合的杂交亲本材料;对 $2x$ 亲本进行轮回选择等。而在改善品质方面,$2x$ 亲本具有 $4x$ 普通栽培种不可代替的作用。

 思考与练习

1. 何谓实生种子与实生薯?

2. 马铃薯的遗传有何特点?

3. 简述马铃薯杂交实生种子的生产技术。

4. 马铃薯的自交效应有哪些?

5. 如何产生双单倍体?

项目九　马铃薯抗性育种

能协助进行马铃薯抗性育种。

任务一　马铃薯抗晚疫病育种

一、抗性资源

遗传资源是育种的基础。近百年的抗晚疫病育种实践创造出了丰富的抗性资源，奠定了现代抗晚疫病育种的物质基础。特别是原产于南美的马铃薯野生种的利用，为栽培马铃薯的基因库注入了新的遗传资源，提高了栽培马铃薯对晚疫病的抗性。根据抗性遗传资源的利用情况和效果，简要对几类抗性资源介绍如下。

1. 马铃薯种（S. tuberosum）

马铃薯种，包括人们广泛栽培的 S. tuberosum subsp. tuberosum 和 S. tuberosum subsp. andigena，经过了数千年的改良，聚集了优良的农艺性状，是一切育种的基础，因此也是抗晚疫病育种的首选遗传资源。如果能在马铃薯种的群体中找到有效的抗源，将是抗性育种最直接、最有效的途径。多年的育种实践也表明，在没引入野生资源的前提下，利用现有抗性品种为材料，通过常规育种和群体育种，以及体细胞无性系选择等方式也能选育出抗性增强的无性系。特别是经过人工轮回选择，自种群中选择出的、适应长日照的新型栽培种群体表现出了较强的晚疫病抗性，尤其是植株抗性，是很有育种价值的材料。

2. 野生种和近缘栽培种资源

尽管马铃薯栽培种中不乏垂直抗性或水平抗性的基因型，但晚疫病致病菌的不断变异给马铃薯生产带来的严重威胁，以及栽培品种中缺乏高抗晚疫病类型的现实，迫使人们不得不从野生种中寻找新的抗性资源。野生种 S. demissum 作为垂直抗性的遗传资源得到了广泛利用。S. demissum 不仅提供了垂直抗性的 R 基因，同时也是水平抗性的重要资源之一。因此，到目前为止，该野生种仍然是抗晚疫病育种的重要遗传资源。人们不是直接利用 S. demissum，而是利用其与其他栽培种的杂交后代，但遗传基础是不变的，即来自 S. demissum

的 R 基因仍然在许多品种中存在。除了该野生种之外，还有一些野生种或近缘栽培种也表现出较强的抗晚疫病性，如 *S. bulbocastanum*、*S. polyadenium*、*S. pinnatisectum*、*S. stoloniferum*、*S. verrucosum*、*S. tuberosum* subsp. *andigena*、*S. phureja*、*S. microdontum*、*S. berthaultii*、*S. tarijense*、*S. circaeifolium*、*S. vernei* 等。人们对这些种的材料也进行了深入的研究，并且已经在马铃薯育种中应用。数量庞大的 *Solanum* 属是抗晚疫病的巨大潜在资源。经过大量、细致的选择，可以创造出既具备良好经济性状，又具备晚疫病抗性的无性系类型。

二、转育抗性的方法

（一）有性杂交

有性杂交仍然是马铃薯抗晚疫病育种的重要方法之一。特别是利用携带抗性基因的栽培品种为亲本时，品种间杂交仍然是首选的有效方法。我国现有的许多抗晚疫病的品种都是采用品种间杂交方法育成的，如鄂马铃薯 1 号、万芋 9 号、内薯 5 号、乌盟 601、乌盟 684、克新 1 号、克新 2 号、克新 3 号、怀薯 6 号、坝薯 8 号、虎头、胜利 1 号、春薯 1 号、晋薯 5 号、晋薯 6 号、凉薯 3 号、跃进、渭会 2 号等。品种间杂交的关键是亲本的选择和后代处理。选择具有水平抗性的亲本应作为当前抗晚疫病育种的重点，因为 A_2 交配型的出现使晚疫病小种大大复杂化，简单利用 R 基因的垂直抗性无法抵抗多变的致病菌的侵染。对于杂交后代的处理，尽管有人采用了实生苗当代接种鉴定的方式，但仅限于室内，如果对大量的实生苗均进行室内抗性鉴定，其工作量是无法承受的。如果对实生苗进行田间自然发病选择，又会因实生苗生育期过长而导致选择结果的偏差，所以最好是在无性世代进行自然条件下的人工选择。如条件允许，可将低世代选择群体设置在晚疫病高发区进行选择，如我国的西南山区、北方的林区，由于其湿度大，最适合晚疫病的发生。

即便是利用野生种作抗性资源，采取有性杂交也不失为一种简便、有效的方法。

用普通栽培种的双单倍体为手段，并用其与二倍体种杂交以获得有利性状。通过这种杂交方式，杂种块茎形成和块茎性状与其外源亲本相比均有很大程度的改善。

（二）体细胞杂交、不对称融合和细胞质杂交

体细胞杂交技术为无法通过有性杂交利用野生种遗传资源提供了一条新的途径。尤其是大量的种内和种间原生质体融合和再生已经获得成功，为利用生物技术获得野生种抗性基因奠定了技术基础。但是，要使该项技术在育种上普遍应用，还需要对融合技术作进一步改良和完善。在开展融合研究中，也正如有性杂交一样，多数用的是马铃薯的双单倍体。双单倍体在体细胞融合中具有明显的优势，而且融合的结果也常常是二倍体。这样，常常出现在双单倍体中的雄性败育就可以通过融合来弥补了。

科研人员为了从安第斯二倍体种 *S. circaeifolium* subsp. *circaeifolium* 中得到晚疫病抗性，对其与马铃薯栽培种双单倍体进行了有性杂交和体细胞融合试验研究，并获得了一些可育的后代，这些后代可以进一步应用于马铃薯的杂交育种中。

抗马铃薯晚疫病的野生种中不仅有我们需要的性状，同时还带有许多不利基因。通过体细胞融合，不但引入了抗性基因，同时也带来了许多不利性状。因此，必须通过回交进行农艺性状的改良。为了减少回交的工作量，可以采用不对称融合技术，该技术可以只将供体基因组的一小部分转移到受体植株中。获得部分基因组转移的方法之一是用 X 射线或 γ

射线照射供体。为了提高抗性育种的效率,还应进一步研究组织培养条件下的选择技术。

在 Solanum 中进行细胞质杂种的研究也有报道。人们对胞质杂种的兴趣在于利用其雄性不育来生产杂种实生种子。

（三）转基因

根据 Dixon 等人的提法,寄主防御应答基因(即无毒基因)与寄主抗性基因之间互作结果而活化的基因,是最适合进行不同种间转移的基因类型。因此,人们已经克隆了大量防御应答基因,也包括一些来自马铃薯的防御应答基因。当人们对抗性反应的一般机制了解清楚时,该技术将为从非茄属种获得抗性基因提供可能。目前,从昆虫中获得编码抗菌蛋白基因的转基因研究正在进行,该试验的初步结果表明对真菌也具有抗性。在我国,张立平等人通过农杆菌介导技术,用葡萄糖氧化酶转化马铃薯栽培品种大西洋和夏波地,获得了转化再生植株。转化植株离体叶片的接种鉴定结果表明,接种晚疫病致病菌后,转化再生植株离体叶片的发病时间延迟而且发病程度降低。上述研究结果表明,尽管我们还不能提取出马铃薯基因组中的抗晚疫病基因,但可以通过导入其他来源的外源基因并产生抗性。这也是目前许多作物转基因育种的主要方法。

三、抗性选择

对晚疫病抗性评价的田间试验和温室试验技术已经基本成熟。在育种方案中,通常采用一种逐步深入的选择方式:开始的时候,由于育种材料多而在温室进行群体选择;然后进行严格控制条件下的试验来评价抗性的不同组成;最后在当地田间条件下进行植株抗性评价和块茎抗性评价。

（一）植株水平抗性和垂直抗性的筛选

离体小叶的接种试验已经被广泛应用于评价或筛选品种的垂直抗性和水平抗性。研究人员采用这个方法对大量来自抗性亲本的杂交后代进行了评价,这些抗性亲本均是普通栽培种与含有抗性基因的野生种 S. demissum、S. stoloniferum、S. verrucosum 和 S. microdontum 的杂种。在所评估的后代中,频繁出现垂直抗性的实生苗群体和专化感病的实生苗群体,而中等抗性的群体频率很低。这可能是因为亲本表现出的抗性主要是垂直抗性基因的作用,或许在目前广泛栽培的品种中也会出现这种现象。

1. 实生苗接种鉴定

在育种过程的早期阶段,对 F_1 实生苗进行接种鉴定,选择具有水平抗性的实生苗,可以达到早期筛选的目的,节省大量人力、物力。F_1 实生苗接种鉴定的具体方法是:在子叶期或 3～4 片真叶期进行接种。将鉴定材料置于培养皿中培育到子叶期或在木箱中培育到 4 片真叶大小时,以混合生理小种悬浮液(分生孢子浓度控制在显微镜下每个视野为 120 个)对实生苗接种。接种方式为喷雾器喷雾。每个杂交组合接种所用的悬浮液的用量要相同。接种后将育苗箱放在温室内密闭,保持较高空气湿度。接种后 4～6d 统计实生苗感病株数和感病级别,具体级别的指标为:0 级,无感病症状;1 级,1 片小叶感病;2 级,2 片小叶感病;3 级,在所有的叶片上均有斑点;4 级,叶片全部感病;5 级,植株全部枯死。在培养皿中统计子叶感病时,应统计死株数和活株数。

2. 室内离体叶片接种法

在 8 叶龄至开花末期下午至傍晚,在田间植株中部的叶片上取样,采用管滴法接种混合小种的分生孢子悬浮液,滴点直径为 8~10mm。为了避免次日滴点渗透,将多余的滴液用滤纸吸去。接种后 3~6d,每天按孢子形成强度级别进行统计:0 级,未形成;1 级,孢子囊柄单个形成;2 级,孢子囊稀少;3 级,孢子囊稠密;4 级,孢子囊柄肉眼清晰可见。根据不同品种及其抗性程度表现出不同孢子形成强度,求其平均指标。具体计算方法为:第四天孢子形成强度值记为 x_1,第六天记为 x_2,然后用公式($2x_1 + x_2$)求出计算指标,与中等抗性程度的计算指标相比。采用这种方式的计算结果,数字大表示品种的抗性程度差;相反,数字小则表示高抗性品种。

(二)块茎抗性鉴定

块茎抗性鉴定的一般方法如下:

1. 晚疫病致病菌的制备

在当地晚疫病发生的初期广泛采集马铃薯病叶,分离 *P. infestans* 菌株,然后接种到易感病的男爵品种薯片(厚 5mm)上进行繁殖。将接种的薯片置于培养皿内的 U 形玻璃棒上,底部垫有湿润的滤纸,在 15℃黑暗条件下培养 5~7d 后,用冷蒸馏水冲洗薯片上的孢子囊。在转速 1000r/s 下离心 1min,收集孢子囊,调节制成约每毫升 50000 个孢子囊。接种前在 12℃下培养 2h,使其释放游动孢子。

2. 接种方法

每个品种选取 15 个块茎,用漂白粉进行表面消毒后,3 次重复接种。

(1)整薯受伤处理。将每个待测的块茎从特制针板(2cm 长的大头针,针与针之间的距离为 1cm)上滚过,使块茎表面产生 2~3mm 深的伤口,采用小型喷雾器向块茎表面均匀喷洒孢子悬浮液。

(2)薯片及愈伤组织处理。从每个块茎中部横向切取一个 9mm 厚的薯片用于接种。薯片愈伤在 20℃下进行。薯片和切开的块茎参照 Darsow 的滤纸片法。无论哪种测定方法,均应在创伤后的 24h 内进行接种处理。

3. 培养方法

立即用浸湿的报纸包裹接种后的整薯(3 层),装入塑料袋内,在 15℃下保湿 24h,然后去掉报纸,转入温室(18~22℃)保存 14d。薯片接种后置于培养皿内,在 18℃黑暗条件下培养 1 周后开始调查。

4. 调查项目

整薯接种的调查项目为感病面积的比例,按表 9-1 的标准转换成感病级别。

表 9-1　感病面积比例与感病级别的关系(引自孙慧生,2003)

级别	0	1	2	3	4	5	6
感病面积比例(%)	0	<5	5~10	10~25	25~50	50~75	>75

任务二　马铃薯抗病毒育种

一、马铃薯对病毒抗性的类型

植物抗病性的形成,是在其原产地的大量植物种(寄主)与其相应的病原长期相互竞争,适者生存的结果。在这种竞争中,寄主为将病原的危害减低到最低限度,或最后完全排除其危害,而产生了各种不同类型的抗病性。马铃薯对病毒的抗病性也是这样形成的。具有对病毒的高度抗性(如免疫性等),多存在于马铃薯原产地的大量原始栽培种和野生种中,充分说明了这一问题。马铃薯对病毒的抗性是较复杂的,既有寄主(马铃薯)与病原的关系,又有寄主、病原与传毒介体(蚜虫等)以及环境条件之间的关系;既有寄主的免疫性或抗病性,又有病原的致病力和传毒介体与环境之间的相互作用、相互影响的关系。在这种关系的基础上,马铃薯所表现的抗病毒性可分为如下类型。

(一)免疫性或极端抗性

免疫性或极端抗性是马铃薯对病毒抗性最强的一种类型。具有极端抗性基因型的植株受到病毒侵染时,由于细胞中抑制病毒物质的作用,将病毒钝化,阻止了病毒在马铃薯植株内的增殖、运转。马铃薯对某一病毒的免疫性或极端抗性,一般能抗该病毒的所有株系,但对 PVX 病毒例外,即 PVX_{HB} 株系已打破了由免疫基因 Rx_{acl}(来自 *S. acaule* 野生种)控制的抗性。但已有报道证明马铃薯免疫基因 Rx_{suc} 来自野生种 *S. sucrense* 的引入系(OCH11926)可抗自然界中所有的 PVX 株系。近年来,人们已从野生种 *S. stoloniferum* 中分离出对马铃薯 Y 病毒所有株系的免疫类型,这些免疫类型常伴随对马铃薯 A 病毒的免疫抗性。抗马铃薯线虫生理小种的 Andigena 单系 CPC1673 和 1673 对 PVX 免疫,荷兰用其作亲本育成了 7 个对 PVX 免疫且抗线虫的品种。德国利用野生种 *S. acaule* 对 PVX 免疫的抗原,通过杂交、回交育成了阿奈特等一批高抗 PVX 品种。

免疫抗性一般受单显性基因(以 R 表示)控制,遗传方式比较简单,对抗病后代易于筛选和鉴定。对 PVX 和 PVY 的极端抗性的种及其利用情况列于表 9-2。国内外对选育极端抗性的品种都非常重视,只要能找到免疫抗原(如对 PVX 或 PVY 免疫的野生种或利用其育成的品种或无性系),就不需要利用其他抗性类型的亲本。根据国际马铃薯中心对种质资源的评价结果,来自种质库中的 *S. acaule* 野生种的 100 个引入系中只有 7 个对 PVX 免疫。因此,免疫性在自然界马铃薯种质资源中还是极少的,特别是对有些病毒尚未发现免疫的抗原材料。因而利用免疫抗性尚有一定的局限性,在育种中可考虑利用其他抗性类型。

表 9-2　对 PVX 和 PVY 免疫(或极端)抗性的种及其利用

病毒	抗性类型	抗性的种及其利用	抗性基因
PVX	免疫(或极端抗性)	*S. acaule* 及其抗性基因的品种	Rx_{acl}
		S. sucrense 及其抗性基因的育种系	Rx_{scr}
		Andigena CPC 1673 及其抗性基因的品种	Rx_{adg}
		Villaroela 及其抗性基因的品种	Rx
		S. stoloniferum 及其抗性基因的品种	Ry_{sto}
		Andigena 亚种及其抗性基因的品种	Ry_{adg}

(二)过敏抗性

过敏抗性是指当病毒侵染马铃薯后,侵染点处的细胞由于酶的作用迅速死亡,在侵染处形成坏死斑点,将入侵病毒局限于死亡的组织内而使其失活,成为阻止病毒进一步扩展危害的屏障,不再产生系统的周身症状,起到了保护作用。这是马铃薯抗病毒育种中经常采用的抗病类型,也是育成抗病毒品种中较多的一种抗性。过敏抗性根据植株过敏反应的速度和强弱分为局部过敏抗性和系统过敏抗性或称不耐病性两种类型。过敏抗性可通过嫁接方法与受 Rx、Ry 单显性基因控制的极端抗性区分开,具有过敏抗性的植株作接穗嫁接到感病的砧木上,接穗顶部表现坏死,这是由主效基因 Na、Ny、Ns 等控制;而极端抗性的基因型则无顶端坏死,有时只在上部叶片出现针尖大小的坏死斑点,主茎停止生长后,继发的侧枝无症状,用 ELISA 血清学方法测定呈负反应。

对马铃薯卷叶病毒的过敏抗性属于系统(周身)过敏类型,受 Nl 主效基因控制,这类品种感 PLRV 后,病株大部分整株枯死,有的品种(如阿普它)感病后芽眼坏死,起到了在品种群体中汰除病原的作用。这种类型如结合了抗侵染性,对减少群体的发病率是很有意义的。对 PVX 的局部过敏抗性受 Nx、Nb 两个显性基因控制,这些显性基因对 PVX 的不同株系所表现的过敏抗性是有专化性的。

受显性基因 Nx、Ny 等控制的局部过敏抗性为大多数育种者所采用,但国际马铃薯中心的育种计划却很少利用过敏抗性基因,其理由之一是过敏抗性基因对病毒株系有专化性,而不能免除某些病毒株系的侵染与危害;二是在高温条件下,受过敏基因控制的抗性品种有时会变成感病品种。

(三)抗侵染性

这种抗性是马铃薯中最常见的类型,也被称为相对抗性或统计学抗性。这类抗性能避免或减少由介体或机械接种引起的初侵染。成龄株抗性亦属于这种抗性类型。植株的不同株龄或不同的发育阶段对病毒的易感性存在显著差别。马铃薯的成株有较强的抗侵染性,亦即病毒在成熟植株中的增殖、运转速度缓慢,产生的症状轻微。具有田间抗侵染性的品种,即使感染病毒,由于组织结构或机理上的生化特性,或在生理上较早达到成龄株抗性,抑制了病毒在植株体内的增殖或扩展,虽经多年种植,仍表现了病株率低、发病程度轻。

(四)抗增殖性

有研究表明许多具有田间抗性的品种,其植株内的病毒量皆显著少于感病品种,亦即植株内病毒的增殖在有田间抗性的品种中受到抑制。在感病品种中增殖与扩展速度极快。

(五)耐病毒性

耐病毒性是马铃薯对病毒抗性最差的一种类型,从狭义的抗病毒性来说,耐病毒性并不属于对病毒抗性的范畴。当马铃薯品种具有耐病毒性时,病毒能侵染并在植株体内增殖和系统转移,即寄主与病原共生,使马铃薯植株部分感病或完全感病,但有时不表现症状(即潜隐感染),或症状轻微,对产量影响较小,有时其块茎大小和数量几乎与健康植株无区别。耐病品种可成为带毒者,是非耐性品种的侵染源,通常被看做马铃薯抗性的危险型。品种的耐病毒性往往与环境条件有密切关系,一旦环境条件适合,耐病毒性品种会变成感病品种,如在 15℃左右对 PVX 和 PVY 具有耐病毒性的品种,在 20℃以上则易感病。有些品种对 PLRV 的耐病毒性又往往与传毒介体桃蚜发生的多少有关,蚜虫少时,表现耐病;蚜虫多时,则与感病类型没有区别。

(六)对传毒介体的抗性

某些植物的基因型具有影响传毒介体正常活动的机制,马铃薯病毒如 PVY、PVA、PVM 和 PLRV 等的传播主要依靠介体蚜虫,某些有分泌腺毛或浓密刚毛的马铃薯种,有诱捕正在饲食的介体蚜虫并使其固定于叶片上而使其失活的物理作用。如大量有分泌性腺毛的野生种 *S. berthaultii* Hawkes(Gibson,1971)和 *S. polyadenum* Grenm 以及 *S. tarijense*

Hawkes 的叶片上都有两种高密度腺毛,当这些腺毛与介体昆虫接触时便放出大量分泌物,积累于昆虫的附节和喙部,使其无法移动而被固定于叶片上,不能吸食而致死,大大减少了传毒概率。

二、几种主要病毒的抗性育种

（一）抗马铃薯 Y 病毒（PVY）育种

1. 危害与症状

马铃薯 Y 病毒（PVY）属于 Potyvividae 科、Potyvirus 属的典型病毒,是引起马铃薯种薯退化的重要病毒,分布广泛。马铃薯 Y 病毒主要有 3 个株系组,即 PVY^O（普通株系）、PVY^C（斑点条纹系）和 PVY^N（烟草脉坏死系）。PVY^O 和 PVY^N 两个株系组为蚜虫传播的非持久性病毒,主要传毒介体有桃蚜和大戟长管蚜。PVY^C 株系属于机械传播,不能由蚜虫传播,但当介体蚜虫在作物上饲食时而感染了其他蚜传病毒,则 PVY^C 株系就能以非持久性方式通过上述带毒蚜虫传播。对 PVY 的传播,用药剂防治蚜虫没有效果。马铃薯感染 PVY,一般减产 50% 左右,当其与 PVX 或 PVΛ 病毒复合侵染时,使马铃薯产生严重的皱缩花叶症状,植株矮小,叶片皱缩,减产可达 80%。当蚜虫传播 PVY 时,奥古巴花叶病毒（PAMV）的某些株系可同时借蚜虫进行非持久性病毒传播。

由于 PVY 株系和品种的不同,其症状各异,由潜隐无症到轻花叶、皱缩花叶以及叶脉坏死等。

PVY^O 包括株系的大部分,一些敏感品种有典型的初侵染症状,开始是叶片产生斑点或环形斑,以后坏死或形成斑驳,叶片背面可见叶脉产生黑色条斑坏死,在叶柄或茎上出现条斑坏死,引起叶片枯萎,底部枯叶悬挂在茎上而不脱落,形成垂叶坏死,严重时上部叶片也发生垂叶,直至植株枯死。翌年的继发性症状是植株矮小,常伴有严重花叶、斑驳和皱缩,叶片或茎发生坏死。

PVY^N 株系可在烟草叶背面产生清晰的褐脉,又称褐脉株系,在许多马铃薯品种上呈潜隐感染,症状不明显,或只有轻花叶或斑驳,田间难以鉴别和拔除病株。该株系在田间经蚜虫传播后,病毒在植株内运转和向块茎积累速度较快,较其他两个株系更为危险。

PVY^{NTN} 株系的典型症状是在块茎上产生严重的环斑坏死,由于品种和环境条件不同,还表现花叶、叶片变形、明脉、坏死斑或坏死斑点,叶片全部坏死到整株枯死。

PVY^C 为点条斑株系,在敏感的品种上引起坏死斑点和条斑症状,有时植株矮化、早枯,一般不表现花叶或皱缩。有的品种在块茎表皮上产生坏死斑点或在块茎内部产生淡褐色环。

2. 亲本选择

（1）利用普通栽培种 S. tuberosum ssp. tuberosum 的品种作亲本。

（2）利用栽培种 S. tuberosum ssp. andigena 作亲本。Andigena 中存在对 PVY 免疫的显性基因 Ry,以 Ry_{adg} 表示。国际马铃薯中心和 Munoz 等人（1975）用其作亲本选出许多无性系,其对安第斯地区广泛流行的 PVY 多个分离系（包括 PVY^O、PVY^C 和 PVY^N）都有免疫性。

（3）利用野生种 S. stoloniferum 作亲本。该野生种对 PVY 具极端抗性,S. stolonife-rum 对 PVY 所有株系的极端抗性受显性基因 Ry（以 Ry_{sto} 表示）控制,属单显性（Monomer

Dominant)遗传,这种抗性机制是对病毒有极强的限制其扩展的能力。该野生种具有 Ry_{sto} 基因,不仅对 PVY 有极端抗性,同时对 PVA 也有免疫性。

(4)利用其他野生种作亲本。野生种 *S. chacoense*、*S. demissum* 和 *S. microdontum* 都具有对 PVY 呈过敏反应的主效基因 Ny。这些 Ny 基因对 PVY 的抗性分两种情况:一是局部过敏类型,可限制大田中 PVY 的扩大危害;二是系统过敏类型,当早期感染 PVY 时,往往使植株周身产生坏死条斑而早期枯死,虽然影响产量的积累,但这类品种可起到自身淘汰毒源的作用,病株率少时仍有一定意义,黑龙江省马铃薯研究所育成的克新 4 号品种即属于这种抗性。

(5)提高对 PVY 免疫的基因频率。对马铃薯 Y 病毒的免疫抗性受双显性(YYyy)和三显性(YYYy)控制的无性系,用其作为杂交亲本时,可大大增加后代对 PVY 免疫的个体数。如以三显性的无性系作亲本时,其后代对 PVY 的免疫个体频率高达 96%。如继续提高控制 PVY 的免疫抗性基因达到四显性(Y_4),能将免疫抗性传至全部后代,大大提高了选择效率。图 9-1 为增加 PVY 免疫基因频率育种示意图。

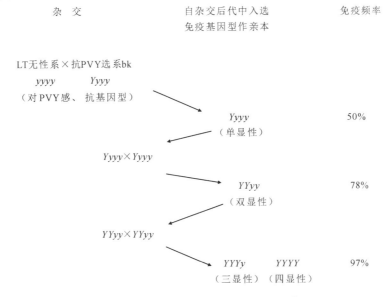

图 9-1 增加 PVY 免疫基因频率育种示意图

3. 后代的筛选与鉴定

F_1 或回交各世代的实生苗的筛选:筛选方法取决于所用的亲本抗性类型,如所用的亲本材料中有极端抗性(或免疫)基因 Ry,以及局部过敏抗性基因 Ny,可以在杂交实生苗的早期阶段用装有毒源的喷枪接种 PVY,或蚜虫介体接种(PVY^O 或 PVY^N),以选择对 PVY 具有免疫或过敏抗性的后代。对抗侵染的类型选择,不宜用喷枪接种,只能通过种植于有 PVY 发生的田间,经连续多年观察确定。

(1)喷枪接种筛选

该方法能在较短时间内对大量杂交或回交实生苗进行毒源接种。根据亲本的免疫抗性,也可用多种病毒毒源(如 PVX、PVY 等)混合接种,从而节省大量人工和时间,减少手工接种对植株的伤害和接种量的差异。许多国家和 CIP 已将此法作为筛选和鉴定抗性的常规方法。

方法及步骤:在温室中用育苗盘播种杂交种子,待苗长至3～4片真叶时进行接种。接种前使幼苗经历2～3d黑暗时间,有利于植株感染病毒。接种应在一天中植株细胞膨压最高的时候进行,最好在灌溉后。接种用PVY^{O}毒源(因PVY^{O}症状明显)预先在普通烟草(*N. tabacum*)上繁殖,须注意无其他病毒的污染。接种时将烟叶取下,1g毒源叶片加10mL磷酸缓冲液(0.02～0.1mol/L,pH=7.0～8.5),研磨后,用纱布榨取汁液,然后用1～2g 600目金刚砂与100mL毒源榨取液混合,装入喷枪内,距实生苗5cm左右,压力1.5 kg/cm^2,喷洒实生苗。在接种过程中要轻轻摇动喷枪,防止金刚砂沉淀,影响接种效果。接种后,用清水冲洗接种叶片,去除多余接种物,可增加病斑数。接种幼苗放于20℃下,10d左右开始出现症状,3周后淘汰感PVY的实生苗,将未发病的健株移入小花盆中,缓苗后,再次进行摩擦接种,以重复鉴定,进一步淘汰病株。最后将未发病株回接到A$_6$指示植物上,在24℃、1000lx下经过5～7d,感PVY植株的接种叶片上出现环状枯斑,亦可用ELISA血清学方法测定。不根据症状淘汰病株时,亦可用PVY^{N}株作为接种毒源,因为PVY^{N}在感病植株内增殖快,在短时间内即可达到较高病毒浓度,缩短检测时间,减少遗漏感病株的概率。PVY^{N}在植株上的症状不明显,可用ELISA血清学方法检测。

(2)蚜虫介体接种筛选

用蚜虫接种时只能采用PVY^{O}或PVY^{N}株系。其步骤:首先将饲养于白菜(*Brassica pekinesis* Rupr)幼苗上的无毒桃蚜饥饿1h,然后将其转移到防虫温室中感PVY^O(或PVY^N)的烟草叶片上饲毒2～3min(烟草应在感染PVY^{O}或PVY^{N}3周之内用于蚜虫饲毒),以备接种。将欲接种筛选的马铃薯杂交种子经赤霉素溶液或活性炭溶液浸种催芽,浓度分别为150mg/kg和0.5%,以打破种子休眠,使出苗整齐。将萌动的种子播入育苗盘中,待苗高3～5cm时进行接种。用细毛笔将带毒蚜虫转移到实生苗上,每株5头,30min后用灭蚜剂灭蚜。如果实生苗数量多,可将带毒蚜虫抖动到实生苗上,4～7d后再重复接种一次。由于苗期接种,病毒很快侵染感病实生苗,其症状与继发性感染症状相似,极易识别和淘汰感病个体。对不显症状的单株,用ELISA血清学方法检测,淘汰带毒体。植株成熟后,逐株收获块茎并进行编号,翌年种于田间,根据症状结合ELISA方法或指示植物进一步鉴定抗性和农艺性状。凡在指示植物上无症状或血清学检测呈负反应的植株可初步确定对PVY有极端抗性,种于大田继续鉴定其农艺性状,或进一步回交。

在选择极端抗性或免疫类型的同时,还应注意选择局部过敏类型,即接种PVY毒源后,保留在实生苗叶片上产生微小枯斑的类型,可通过嫁接方法进一步确定其过敏抗性。

(二)抗马铃薯X病毒(PVX)育种

1. 危害与症状

马铃薯X病毒可通过汁液传播,如病、健株叶片相互摩擦,病、健株幼芽接触等,亦可通过田间作业的农机具、人手、衣物等接触马铃薯或机械传播,还可通过咀嚼式口器昆虫或土壤中集壶菌属内生真菌的一种癌肿菌(*Synchytrium endobioticum*)的游动孢子传播,因此,马铃薯X病毒是传播最广泛的一种病毒。我国较早栽培的一些马铃薯品种,如男爵、里外黄、深眼窝、丰收白等都感染PVX,一般症状轻微或潜隐,减产10%左右。如果复合感染了重型花叶病毒(PVY),则植株矮小,叶片皱缩,所结块茎少而小,减产达50%～70%。因此,PVX是一种具有潜在危险的病毒。

马铃薯被PVX侵染后,其症状依病毒株系、品种和环境条件而不同。有时呈潜隐状态,叶片不表现症状,常见的症状为轻型花叶,阴天时易见叶片黄绿相间、深浅不一,但叶片平展。有的株系在某些品种上引起植株矮化,叶片变小而皱缩。有的株系可引起品种的过敏反应,产生顶端坏死。

2. 亲本选择

马铃薯 X 病毒有许多株系,致病力差异很大,因此,抗 PVY 育种所用的亲本亦有不同的遗传基础。

(1)利用具有过敏抗性的品种作亲本

马铃薯品种中带有 Nx 或 Nb 基因,其分别对马铃薯 X 病毒的普通系和 B 株系有顶端坏死过敏抗性。栽培品种中这种过敏抗性的缺陷是对株系的专化性,抗 PVX 普通系的品种有时感染 B 株系,因此,在选配杂交组合时须考虑到抗性基因的互补。大多数含 Nx 基因的品种都带有对马铃薯 A 病毒的过敏抗性基因 Na,亦即 Nx 和 Na 基因呈连锁遗传,当利用 NxNa 基因型做亲本时,后代对 PVX 的普通株系有过敏抗性,同时对 PVA 亦有过敏抗性。另外一些品种除有 NxNa 基因连锁外,还与对 PVY^c 株系有过敏抗性的基因 Nc 呈连锁遗传,基因型为 NxNbNc,这对育成多抗性的品种是有意义的,Nx 基因已被导入欧洲及北美洲的许多品种中。

(2)利用对 PVX 免疫的 S41956 作亲本

无性系 S41956 属 *Tuberosum* 的智利类型 Villanoela,以其作亲本已育成了沙可(Saco)、塔瓦(Tawa)、克新 6 号和澳大利亚实生苗 11-84 等免疫品种。S41956 对 PVX 的免疫受两个显性互补基因控制。利用 S41956 作亲本时,后代可出现较多对 PVX 免疫的个体,黑龙江省克山农业科学研究所利用 PVX 对 S41956×96-56 和 S41956×多子白两个组合的 F_1 实生苗接种鉴定,前者有 48% 的个体对 PVX 免疫,后一组合对 PVX 免疫的个体占 70%,平均为 59%。S41956 虽然是抗 PVX 育种的较好亲本,但由于不抗晚疫病,且重感 PLRV,感马铃薯 S 病毒,又为 A 病毒的带毒体,在选配另一亲本时,应注意克服 S41956 的缺点,以达到优缺点互补。

(3)利用四倍体栽培种 Andigena 作亲本

Andigena 群体中含有对 PVX 免疫的基因。研究人员从 Andigena 后代中分离出无性系 CPC1673,对 PVX 免疫,其免疫性受单基因 Rx(以 Rx$_{adg}$ 表示)控制,为四倍体遗传。该无性系亦抗囊线虫的致病型 R$_{0-1}$ 和 R$_{0-4}$。由于 CPC1673 具有这两个重要抗性,且易于与栽培品种杂交,经常用于抗性育种工作中。荷兰利用 CPC1673 作育种亲本,已选出一批优良的实生苗后代,其中有 50% 以上的杂种都对 PVX 免疫或有极端抗性。

(4)利用野生种 *S. acaule* 作育种资源

异源四倍体野生种 *S. acaule* 对 PVX 的免疫性基因 Rx(以 Rx$_{acl}$ 表示)于 1954 年发现。其抗性受显性基因 Rx$_{acl}$ 控制,为二倍体遗传,自交后代中抗病个体:不抗病个体为 3:1;而测交后代的比例为 1:1。*S. acaule* 与 ssp. *tuberosum* 杂交时,首先须将 *S. acaule* 人工引变为同源八倍体,以其作母本与 ssp. *tuberosum* 杂交,才易成功,然后利用 ssp. *tuberosum* 的品种多次回交,以获得 $2n=48$ 的种间杂种优良无性系,如波兰育成的回交杂种 MPI44.106/10 被广泛用作抗 PVX 育种的亲本。德国已育成 Saphir、Aguti、Assia、Barbara、Moni、Natalie、Roeslau 等,阿根廷育成 Serrana、Tnta。

(5)利用来自 *Solanum commersonii* 新的抗 PVX 基因

野生种 S. commersonii PI243503($2n=2x=24$,EBN＝1)对 PVX 有极端抗性,但不易与马铃薯普通栽培种杂交,利用马铃薯双单倍体的无性系 SVP11($2n=2x=24$,EBN＝2)与 PI243503 进行细胞融合,产生了四倍体体细胞杂种 SH9A,当对所有 SH9A 接种 PVX 后,利用 DAS-ELISA 血清学方法检测,或回接到指示植物千日红上,都检测不到病毒,确定其对 PVX 的抗性属于极端抗性。SH9A 抗 PVX 的特性完全遗传给其自交后代,证明野生种亲本对 PVX 的抗性是受一对同质的显性基因控制,呈二倍体遗传。

3. 后代的筛选与鉴定

(1)F_1 或回交各世代实生苗的筛选

如果所用的杂交亲本对 PVX 具有免疫抗性或局部过敏抗性,或进行种间杂交育种,选育对 PVX 有极端抗性的品种时,必须在早期阶段淘汰感病实生苗,选留有极端抗性或免疫性的杂种,或作为回交亲本,为此,必须对大量实生苗进行接种鉴定筛选。对大量实生苗接种可用喷枪法,具体操作过程可参考 PVY 育种的鉴定筛选方法,与其不同处有以下几点:

①接种源可用 PVX-1 组和 PVX-3 组(普通株系)。

②接种用 PVX 毒源可在普通烟或心叶烟上增殖或保存。

③在温室或田间喷液接种后,应保持在 22℃ 下,发病快,症状清晰。温度低时,症状易隐蔽。

④接种感染后,如产生局部坏死枯斑,证明可能存在 Nx 基因;如无任何反应,则存在免疫抗性基因 Rx。但真正确定 Nx 或 Rx 基因控制的抗性时,至少要经过 3 次重复接种,对不表现症状的要利用酶联免疫吸附测定(ELISA)方法或指示植物检测,以确定是否是不表现症状的带毒体,或是真正的免疫抗性材料。PVX 常采用指示植物鉴定生物学方法,利用于鉴定的主要指示植物为千日红。汁液摩擦接种后 7～10d,在接种叶片上产生坏死斑点,其周围有红色晕圈,无系统感染。如控制接种汁液的浓度一致时,还可根据坏死斑的数目作病毒浓度定量测定。指示植物千日红接种方法可将 90％ 以上感 PVX 的个体淘汰。指示植物接种鉴定须在防蚜温室中进行,温度保持在 20～25℃;冬季日照短,要适当补充光照。

⑤最后确定抗性,嫁接接种是非常必要的。常用的方法为:从被鉴定的杂种幼株截取接穗,嫁接在人工接种已感染 PVX 的番茄砧木上,经 4～5 周,用 PVX 抗血清检测接穗是否含有 PVX。如将感 PVX 的番茄作接穗,嫁接在被鉴定的材料幼苗砧木上,不仅检测当代分枝,还可检测其所结块茎后代的抗性。嫁接接种鉴定也可用已感多种 PVX 株系的马铃薯品种,如尤别尔等,但必须是茎尖脱毒种薯,然后接种 PVX 后,再分别作接穗或砧木与被鉴定的材料嫁接。

(2)田间鉴定

田间鉴定方法与抗 PVY 育种相似,可将无性系与感 PVX 品种尤别尔等相间种植。由于 PVX 只能靠接触感染,最好在无性系出苗后用人工或喷枪接种 PVX。马铃薯 X 病毒在田间植株上的症状常隐蔽或不清晰,对入选无症状的株系,应用 PVX 抗血清或指示植物鉴定后代块茎,并计算感病百分率。有些材料虽有感染机会,但能抑制 PVX 在植株体内的增殖,所结大部分块茎后代不带病毒。这种具有对 PVX 抗侵染或抗增殖的材料,会有效地抑制 PVX 在马铃薯品种群体中的扩散。

4. 提高亲本对 PVY 和 PVX 免疫的基因频率

目前对 PVY 或 PVX 免疫育种利用的亲本都是属单显性基因,其与感病亲本杂交,后代仅 50% 左右的抗病个体,需要做大量的接种鉴定和筛选工作(图 9-2)。在淘汰感病后代的过程中,亦可将许多农艺性状优良但不抗病的个体淘汰,如能育成三显性基因型($YYYy$,$XXXx$)或四显性基因型($YYYY$,XXXX)控制对 PVY 和 PVX 的免疫性。当其与感病品种(基因型为 $yyyy$ 或 $xxxx$)杂交时,所产生的后代至少带 1 个显性抗性基因,而全部表现抗病,省去了对后代抗 PVX 或 PVY 的接种筛选,以加强对农艺性状的选择。特别是进行抗 PVY、PVX 和 PLRV 多抗性育种,由于这 3 种病毒在生产上分布广泛,且常常复合侵染相互作用,导致马铃薯大幅度减产。因此,育成兼抗上述 3 种病毒的品种是非常必要的。在育种过程中,如能育成对 PVY 或 PVX+PVY 两种病毒具有三显性或四显性基因型控制的免疫性,再利用这样的亲本与抗 PLRV 的马铃薯无性系或品种杂交,其所产生对 PVY 或 PVX+PVY 免疫后代频率可达到 96%~100%。在这个基础上再筛选抗 PLRV 的无性系,可省去或简化抗 PVX 或 PVY+PVX 的筛选过程,提高了多抗性的育种效果。育成多抗性的品种还可大大简化种薯的生产程序,延长品种寿命。

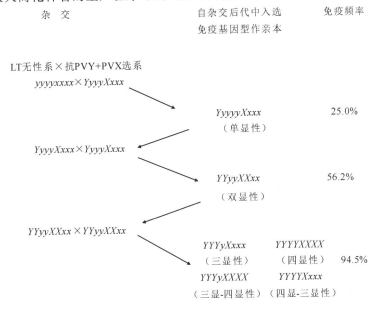

图 9-2 增加 PVY+PVX 免疫基因频率育种示意图

(三)抗马铃薯卷叶病毒(PLRV)育种

1. 危害与症状

马铃薯卷叶病毒病是影响马铃薯生产的重要病害之一,PLRV 属于持久性传播的病毒,主要是由桃蚜传播,可远距离(40km)迁飞并传到马铃薯植株上。此病在世界栽培马铃薯地区皆有发生。在我国马铃薯栽培区划中,北方一作区、温暖的中原春秋二季作区和南方二季作区,PLRV 常引起种薯退化,大幅度减产和品质变劣。其减产程度取决于品种抗性、病毒株系和环境条件,轻者减产 20%~30%,重者可达 70%。研究发现,当马铃薯植株同时被 PLRV 和纺锤块茎类病毒(PSTVd)感染时,由于 PSTVd 被包于 PLRV 颗粒中,则 PSTVd 便可通过蚜虫高效传播。由于 PLRV 是马铃薯生产上广泛存在的病毒,而 PSTVd 的传播与危害有逐年加重的趋势,因此,抗 PLRV 育种不仅可减轻因 PLRV 造成的危害减产,而且对防止 PSTVd 的扩大传播也有积极的意义。

马铃薯植株当年由蚜虫传毒后出现的症状称为初侵染症状,表现为幼叶失绿,小叶沿中脉向上卷曲,顶部叶片上竖,有些品种的幼叶边缘呈淡紫色或紫红色,生育后期底部叶片出现卷叶。但在生育后期感染 PLRV 时,一般不出现症状。由感病株所结的块茎,翌季长出的植株表现的症状称为继发性感染症状,开始由底部叶片卷曲,边缘坏死,有时叶片背部变成紫色,以后上部叶片失绿、卷曲。重病株矮小,叶片与茎的角度变小,叶柄和小叶柄上竖,植株变为僵化的扫帚状,输导组织韧皮部坏死,破坏了碳水化合物流动而滞留于叶片中成革质化,叶片变脆易折,影响了光合产物的积累,所结块茎小而密生。安第近那栽培种(*S. tuberosum. ssp. andigena*)的植株感 PLRV 的继发症状与上述普通栽培种的一些品种不同,只表现植株上竖、矮化、小叶的边缘和脉间失绿,但底部叶片并不卷曲。ssp. *andigena* × ssp. *tuberosum* 的后代则出现栽培品种底叶上卷的症状。PLRV 可引起感病品种的块茎内部产生网状坏死,如目前适于炸薯条的品种赤褐布尔班克和夏波蒂等,其块茎纵切面可见到明显的网状坏死斑点,由半透明浅色到深色斑点。初侵染或继发性感染植株都可产生感病块茎,萌发后有时生出纤细芽。

2. 亲本及遗传

抗马铃薯卷叶病毒育种,由于缺乏极端抗性(免疫性)或局部过敏性的抗源,目前虽然发现了野生种对 PLRV 有极强抗性,但将这种抗性转入栽培品种中并用于生产还需要较长时间。同时,对育种后代抗 PLRV 的接种筛选方法复杂而费时间,因此抗 PLRV 育种远较抗PVY 或 PVX 育种难度大。抗 PLRV 育种的亲本类型及其遗传如下:

(1)利用抗蚜虫传毒(抗侵染性)的栽培品种作亲本

抗侵染性受多基因控制,或是由多个具有附加效应的基因起作用,亦即杂交后的抗性水平受多对基因累加效应的影响,其后代的抗性主要取决于双亲及其先代的抗性水平。用抗PLRV 亲本复合杂交,能显著提高杂交后代的抗病性,双亲之一是感病品种都可能降低后代的平均抗病性水平。如抗 PLRV 的品种燕子即是利用两个抗病品种阿奎拉和卡皮拉杂交育成的。燕子的抗病性显著超过了两个亲本,并兼抗 PVY 和 PVA。

具有田间抗侵染性的品种有阿奎拉、燕子、卡皮拉、维拉、火玛、马里它、疫畏它、阿敏卡、莫尔它、奥斯特拉、考尼拉、舍姆洛克、沙斯基亚、乌可马、沃可尔、艾巴、沙非尔等。我国育成的抗 PLRV 侵染的品种有川芋早、安农 5 号、中薯 3 号、克新 3 号、陇薯 3 号、高原 7 号、宁薯6 号、克新 11 号等。高抗块茎网状坏死的品种有 Atlantic、Bannock Russet、Umattilla Russet 等,中抗的品种有 Russet Nor、Ranger Russet 等。

(2)利用抗 PLRV 增殖、积累的亲本

抗 PLRV 增殖和积累的抗性,在某些基因型中受 1 个或多个主要基因控制。利用在 1个或多个位点抗 PLRV 的纯合亲本系是选育抗 PLRV 类型的有效途径。

具有在 1 个或多个位点抗 PLRV 的亲本有无性系 DW841457、DG82-199 等。无性系OCH13824 不易被 PLRV 侵染(抗侵染),且能阻碍或减少病毒的增殖以及在组织间的积累(抗增殖),如表 9-3 所示。

(3)利用系统过敏类型的品种作亲本

有些品种,如阿普它、卡拉、艾达、蒙兹、赛底拉、卡玛等,感染病毒后,表现系统过敏或称不耐性。如阿普它等品种感染 PLRV 后,其块茎长出纤细芽,或形成瘦弱的植株而很快枯死,或芽眼坏死,不能发芽,起到自身汰除病株的作用,是抗 PLRV 育种极有价值的亲本。

育成系统过敏结合抗侵染的马铃薯品种,其群体可完全免受 PLRV 的危害。阿普它即是这种类型的品种,即使在传毒介体桃蚜频繁发生的地区,也很难在其群体中发现感 PLRV 的植株。系统过敏抗性受单显性基因(N_1)控制并受许多次要基因修饰。

表 9-3 部分马铃薯基因型对确定抗 PLRV 几个因素的反应及其抗性类型(引自 U. jayasinghe)

无性系、品种或马铃薯种	易感染性	病毒浓度和转移	田间症状	蚜虫喜食性	抗性类型
S. acaule OCH13824	−	−	−		RI/RM/A
LT-1	＋＋＋＋	＋＋＋＋	＋/−	?	T
KIT-60.21.19	＋＋＋＋	＋＋＋＋	?	−	A
B-71.240.2	＋＋	＋/−	＋/−	?	RM
Mariva	−	＋＋＋＋	＋＋＋＋	＋＋＋＋	RI
T. Condemayta	−	＋＋＋＋	?	−	RI/A
Serrana	−	＋＋＋＋	＋＋＋＋	＋＋＋＋	RI
P. Crown	−	＋＋＋	＋＋＋	＋＋＋	RI
78c11.5(V2)	−	＋/−	＋＋＋＋	−	RI/RM/A
DTO−28	＋＋＋＋	＋＋＋＋	＋＋＋＋	＋＋＋＋	S

注:"＋"到"＋＋＋":10%～100%;"−":无表现或无反应;"?":未知;"T":耐病;"RI":抗侵染;"RM":抗增值;"S":感病。

根据国内外的育种实践,抗性优良组合沙斯基亚×燕子,经内蒙古乌兰察布盟农业科学研究所和河南省郑州市蔬菜研究所的选育结果,后代综合性状优良,能分离较多抗 PLRV 的个体,有的兼抗 PVY 和 PVX,且多早熟。德国从该组合中选出的抗 PLRV 的株系最多,有的优良株系经过 3 年种植,其感染率仅为 0～4%。燕子也是抗 PLRV 育种的优良父本,我国于"八五"期间利用燕子作父本育成的 6 个品种,如坝薯 10 号、晋薯 6 号、晋薯 7 号、川芋早等对 PLRV 都有不同程度的抗性。将系统过敏抗性与抗侵染性结合在一起常用的组合有阿普它×燕子、阿普它×鸠尔卓夫 633、(阿普它×MPI44.335/130)×燕子等,这些杂交组合都可分离出较多抗 PLRV 的后代。

(4)利用抗 PLRV 的栽培种和野生种作亲本

下列一些种对 PLRV 有抗性:*S. acaule*、*S. chacoense*、*S. demissum*、*S. etuberosum*、*S. brevidens* 和栽培种 Andigena。

S. acaule 野生种有抑制 PLRV 增殖的抗性。国际马铃薯中心从该野生种中筛选出的无性系 OCH13824 和 OCH13823,通过蚜虫接种 PLRV 后,表现了极强的抗性,证明了 *S. acaule* 具有抑制 PLRV 增殖的抗性。通过杂交试验,这种抗性可以遗传,且这种抗性属于微效多基因遗传。

S. demissum 和 Andigena 对 PLRV 都有较强的抗性。利用这两个种作亲本,通过杂交或回交已育成了一些抗病的品种,如抗侵染的品种阿奎拉、卡皮拉、燕子、马里它、乌可马、艾巴、沙非尔,以及系统过敏的品种阿普它等。

S. etuberosum 野生种对 PLRV 亦具有高度抗性。其抗性超过了目前已知的任何品种和其他野生种,可完全抵抗桃蚜对 PLRV 的传毒。

野生种 *S. brevidens* 的引入系 PI218228 具有对 PLRV 的极端抗性,是培育抗 PLRV 极有价值的种。

(5)利用抗蚜虫的野生种作亲本

原产于南美玻利维亚的二倍体野生种 *S. berthaultii* Hawkes 是抗虫育种的重要资源。该野生种叶片上有两种腺毛:一种是顶部有 4 裂片的短腺毛(A 型);另一种是多细胞长形腺毛,顶部有卵圆形腺体,分泌液滴(B 型)。当两种腺毛并存时,才有诱蚜和使桃蚜粘于叶片上而失活的作用。美国康奈尔大学将 *S. berthaultii* 的抗蚜虫性转入 ssp. *tuberosum* 栽培种中也取得了很大进展,但育成生产上能利用的品种还需要作进一步的回交和筛选。

(6)抗 PLRV 育种中结合对 PVX 和 PVY 的抗性

育成抗 PVX、PVY 和 PLRV 等马铃薯生产中流行的多种病毒的品种是许多国家育种项目中的主要目标之一。

目前国际马铃薯中心的抗 PLRV 育种策略,是将对 PLRV 的抗性结合于对 PVX 和 PVY 的极端抗性遗传背景中。为提高抗 PVX 和 PVY 育种的效果,国际马铃薯中心通过杂交和基因的重组,正在选育控制 PVX 和 PVY 极端抗性的三显性基因型,使杂交后代全部抗 PVX 和 PVY,在这个基础上,就比较容易结合抗 PLRV 的基因,育成抗 3 种病毒的品种。

3. 后代的筛选与鉴定

马铃薯卷叶病毒靠蚜虫传播,任何筛选和鉴定都需要传毒介体——桃蚜。

(1)F_1 实生苗的筛选与鉴定

这个阶段的筛选可节省劳力和试验地,但利用的双亲必须具有高度抗性。筛选的方法如下:

①首先将饲养于白菜苗上的无毒桃蚜转移到温室中感 PLRV 的马铃薯植株上。无毒桃蚜在感染 PLRV 植株上,经过 3~5d 饲毒和得毒时间,可饲育带毒蚜虫群体。

②将欲筛选的杂交种子经赤霉素溶液或活性炭溶液浸种催芽,浓度分别为 150mg/kg 和 0.5%,以打破种子休眠,使出苗整齐。将萌动的种子播入育苗盘中,待苗高 3~5cm 时接种 PLRV。

③接种时,将实生苗移入饲毒蚜虫的温室中,用细毛笔将饲养在 PLRV 病株上的蚜虫转移到实生苗上,每株 5 头,6~7d 后再重复用蚜虫接种一次,4~7d 后用杀蚜剂灭蚜。如果实生苗数量多,需要大量蚜虫接种时,可将感病马铃薯枝条上聚集的带毒蚜虫抖动到苗上,4~7d 重复一次,1 周后灭蚜。

④当温室温度高于 20℃时,2~3 周可出现典型的卷叶症状。由于苗期接种,病毒很快侵染感病实生苗,其症状与继发性感染症状相似,极易识别和淘汰感病个体。保留抗病单株,获得块茎,于翌年种于田间,进一步鉴定其抗性或农艺性状。如双亲并非高抗卷叶病毒,则 F_1 实生苗接种鉴定筛选的效果不明显。只有高抗 PLRV 或对 PLRV 免疫的双亲杂交的 F_1 实生苗接种 PLRV,筛选才有作用。亲本对 PLRV 有田间抗性的 F_1 实生苗接种筛选作用不大,应于无性世代进行田间筛选。

(2)田间筛选与鉴定

来源于田间抗性的亲本杂交后代,宜在卷叶病毒流行地区进行田间筛选,辅以室内传播接种鉴定。其方法如下:

①将欲鉴定的无性系一代单行种植。每 2 行无性系间种 1 行感病品种作为 PLRV 的

感染行,感病品种应抗 PVY,减少蚜虫对 PVY 的传播。同时用 2 个抗性水平不同的品种(如燕子、阿奎拉等)作对照,多次重复随机分布于试验区中,以弥补无性一代块茎少、无重复和蚜虫分布不均匀的缺陷,尽量使对比的基础一致。收获时淘汰症状严重的无性系,将欲入选的无性系按大、中、小比例取 10 个块茎,供第二年进一步鉴定。

这种只种植感染行,并与对照品种比较的田间暴露试验,用以鉴定和选育抗 PLRV 的品种,常受传毒介体蚜虫多少的影响,即使同一份材料,在年份间所表现的抗性也不一致。

②第二年将各入选无性系的 10 个块茎种于 1 个小区。用对 PLRV 高度过敏的类型(如阿普它或卡拉)作亲本,其后代常分离出过敏类型,致使块茎的芽眼坏死或发出纤细芽而不能出苗,因此,苗期需调查缺苗原因。可将种薯挖出检查,如一个无性系中只有个别植株芽眼坏死而缺苗,其他多数植株生育健壮,则这种能自身汰除病株的类型应予入选,进一步观察鉴定。于显蕾至花期调查继发感染症状,当病株率和发病程度都低于抗病对照品种时,可初步确定为抗病类型。田间鉴定的可靠性往往取决于传播介体桃蚜的多少和其传病的迟早。蚜虫少时,中抗与高抗卷叶病毒的类型差异很小;蚜虫大量发生时,中抗类型的发病率增高而趋向感病类型。由于植株存在成株抗性,苗期较易感病,蚜虫发生期早时,植株的感病率亦高。因此,要根据当地蚜虫发生早晚确定供试材料的播种期。有时马铃薯晚疫病也能干扰 PLRV 症状的表现和发病程度,应及时喷药防治晚疫病,以获得较准确的鉴定结果。由于上述种种影响,每份材料至少鉴定 3 年,才能确定其抗性水平。在鉴定植株对 PLRV 抗性的同时,在田间设抗病对照和感病对照,应评价块茎对网状坏死的抗性。

③实验室检测。田间目测入选材料有时与实验室检测(如 ELISA 方法)的结果不一致。为了能正确评价和筛选材料,田间筛选鉴定必须结合实验室的病毒检测或室内试验。实验室检测有以下方法:

A:ELISA 血清学检测。

B:核酸斑点杂交(NASH)技术。

C:指示植物。常用的指示植物为洋酸浆。接种前须培养好洋酸浆幼苗。接种时先将在白菜或甘蓝苗上饲养多代的无毒桃蚜 15 头,用毛笔移至欲鉴定的无性系幼苗(含对照)上饲毒 1 周,之后将这些蚜虫移至具有两片真叶的洋酸浆苗上 48h,再用杀虫剂灭蚜。马铃薯的幼苗和洋酸浆苗都需用 50 目的尼龙纱网罩隔离。接种的洋酸浆苗置于室温 25～28℃、16h 强光照条件下,感染的无性系 10d 左右在洋酸浆上出现症状,表现为顶叶卷曲、下部老叶失绿黄化、植株矮化、生长停止,3 周后结束鉴定。

D:嫁接接种鉴定。利用白花刺果曼陀罗的无毒幼苗作接穗,嫁接在被鉴定的无性系植株上,潜育期为 20～30d。如果鉴定的植株感染 PLRV,则叶片成革质并向上束,叶片卷曲、失绿,植株矮化。

E:组织切片染色鉴定(或 Igel Lange 鉴定法)。由于感染了卷叶病毒的马铃薯茎或块茎的韧皮部产生病变,发生胼胝质,通过切片染色后,可直接观察韧皮部的变化。染色剂的配置:取间苯二酚 10g 溶于 1000mL 蒸馏水中,配成 1% 的水溶液,加入 5mL 浓氨水混合后,溶液稍带黄色。将混合液置于广口瓶中,勿加盖,放于有光的通风条件下,半个月左右变成有荧光的蓝绿色溶液,即可染色及鉴定。

染色及鉴定:检测茎内胼胝质的方法是将马铃薯茎纵切成 2cm 厚的薄片,放入间苯二酚溶液中染色 10min,然后在 30× 解剖镜下检验。如果感染 PLRV,筛管内的胼胝质被染成深蓝色斑点。

检验块茎内的胼胝质:将被鉴定的块茎置于 20℃ 左右的条件下催芽,萌芽的块茎切成厚 1~2cm 的纵切片,浸入染色剂中 10min,用蒸馏水冲洗,用滤纸吸去水分,放于解剖镜下观察。由于老的筛管都产生许多胼胝质,宜利用近形成层处新形成的筛管镜检。这种实验室检测只能作为辅助方法。

任务三 马铃薯耐旱育种

一、马铃薯耐旱亲本与耐旱性遗传

(一)耐旱亲本

1. 利用南美洲极干旱环境条件下的马铃薯野生种

经鉴定具有耐旱性的野生种有 *S. chacoense*(2x)、*S. commersonii*(3x)、*S. tarijense*(2x)、*S. calvescense*(3x)、*S. infundibuliforme*(2x)、*S. oplocense*(4x,6x)、*S. kurtzianum*(2x)、*S. spegazzinii*(2x) 和 *S. maglia*(2x)。这些品种细胞汁液浓度高,蒸腾强度低,有强的根系,可作为抗旱的原始材料(可参考种间杂交部分)。

2. 利用二倍体栽培种

二倍体栽培种 *S. phureja* 在干旱条件下生长量降低很少,被广泛用作低热干旱地区的育种亲本。

3. 利用已育成的品种或品系作亲本

通过各科研单位的试验鉴定和生产实践,表现抗旱引入的品种有 Aquila、Huoma、Katahdin、Kennebec、Chippewa、Epoka、Apta、Schwalbe、CFK691、I-1085、B71-240.2、CIP24-16、CIP380584.3;我国育成的品种有乌盟 684、乌盟 851、内薯 7 号、克新 1 号(雄性不育,雌性败育,可经其他途径转育)、系薯 1 号、晋薯 1 号、坝薯 10 号、晋薯 2 号、虎头、宁薯 1 号、宁薯 3 号等。深入分析各个亲本的耐旱特点,掌握亲本的生理、生化和形态性状的耐旱机制,选择具有不同耐旱特性的亲本杂交,以便将多种耐旱因素结合于同一杂交后代中,育成高水平耐旱的品种。

(二)耐旱性遗传

马铃薯的耐旱性遗传极为复杂,因为耐旱性涉及一系列生理代谢等变化,如在水分胁迫下的叶水势、细胞渗透势和渗透调节、叶片相对含水量、气孔阻力、光合速率、叶片持水能力、根系发育的广度和深度、叶片的解剖结构、叶片缺水萎蔫的时间以及浇水后恢复的能力与速度、产量损失程度等。基因控制的大部分有关耐旱性的生理性状多属于数量性状遗传,如马铃薯经干旱胁迫萎蔫后,再给水后的恢复能力和速度是鉴定品种耐旱性的重要指标。科研人员研究了同一杂交组合的 3 个无性系,其萎蔫后恢复的平均级别分别为 2.1、3.7 和 6.9(1 级对干旱敏感,即不耐旱;9 级为高度耐旱),该结果证明品种受干旱胁迫后的恢复能力为数量性状遗传,同时说明同一组合后代的耐旱性程度有极大的差异,因此可以选出高度耐旱的基因型。又如在干旱胁迫条件下,马铃薯的产量表现为主要因素,产量的遗传属微效多基因控制的数量性状遗传,一般配合力好的组合,通过基因的累加效应可出现优于亲本抗旱性的超亲变异。因此,利用具有不同抗旱特性的亲本间杂交,通过模拟干旱条件下对后代的强化选择,可选出具有综合优良性状的耐旱品种。

二、后代的筛选与鉴定

耐旱性品种的筛选与鉴定所采用的技术应考虑到成本低、方法简易、准确并有重演性。一般多在控制条件下(温室或防雨网室)进行育种材料或无性系的筛选。如果在田间自然环境下筛选,由于天气变化无常,势必要在空间及时间上重复试验,造成了鉴定时间的延长和人力的浪费。因此,田间耐旱性的鉴定不适于大规模育种材料的筛选。基于上述原因采取以下方法。

(一)根据植株干旱萎蔫及给水后的恢复潜力进行育种材料耐旱性筛选

具体方法如下:

(1)于温室或防雨网室中进行,温度一般控制在 $15\sim28℃$。分正常供水和干旱两个处理,每个处理重复 2 次,每份材料种植 4 株,每个处理皆设 3 个对照品种,即极耐干旱、中耐干旱和敏感品种,并按熟期分成早、晚两组进行耐旱性筛选。

(2)为减少种薯差异,先将块茎放于 18℃下催芽,待芽长 1cm 左右,按单芽切块,每个切块重 7g。将芽块播种于直径为 15cm 的塑料盆中,盆中用透水性好的沙壤土与草炭混合物作基质,出苗后,每盆只留 1 个茎,确保材料的一致性。

(3)正常供水处理是按照植株生长需要给以充足水分;干旱处理是在出苗后 40d 停止浇水,阻断水分供给,此时大部分供试材料有 $7\sim8$ 片叶,接近现蕾开花阶段,有的块茎开始形成。一般情况是停止给水 6d 左右旱害初期症状即明显可见,随着干旱胁迫天数的延长,症状加重,当耐干旱的对照品种达到 75% 萎蔫,而敏感(不耐干旱)对照品种全部萎蔫时,则进行浇水,按以下内容进行记载与评价:

①分别记载干旱处理之前 4d、开始处理后 4d 和干旱处理结束期的植株发育阶段。

②分别记载干旱处理 3d、5d 和 7d 的萎蔫等级(标准见表 9-4)。

③分别记载萎蔫再给水后 1d 和 3d 植株的恢复等级(标准见表 9-4)。

④收获时测定两个处理的株重、株高和块茎重,根据鉴定材料的熟期与相应的对照进行比较,确定其耐旱性,或入选或淘汰。

表 9-4 干旱胁迫下植株萎蔫与给水后恢复的等级划分标准(引自孙慧生,2003)

萎蔫或恢复等级	正常叶片面积百分数(%)	症状
9	>95	所有叶片正常
8	80	所有叶片正常
7	70	植株下部叶片萎蔫
6	60	植株下部叶片萎蔫
5	50	植株下部叶片萎蔫
4	40	顶部叶片萎蔫
3	30	顶部叶片萎蔫
2	20	植株全部萎蔫
1	<5	植株全部萎蔫
0	0	叶片表现坏死

(二)利用茎切段在人工控制条件下筛选

方法与步骤如下:

（1）于温室或大田中设两个冷床，在大田中进行抗旱性材料筛选时须设遮雨棚，冷床的大小视材料多少而定。两个冷床中一个为干旱处理，另一个进行正常的灌溉（即对照），以维持试验材料的正常生长和产量积累。两个冷床除种植同一套供耐旱性鉴定的材料外，还应种植具有不同熟性、不同程度的耐旱对照品种，作为耐旱性选择的标准。

（2）对所有材料取同样大小的茎顶部切段扦插。优点是体积小、生长一致，且其生育期较短，比利用种薯播种更易于操作和控制。于试验冷床中，每个试验材料每平方米扦插100个茎顶切段，每个切段应有4个叶片（即4个节），扦插时埋入土内2个茎节，尽量选择生长一致的茎切段扦插，以减少鉴定或筛选误差。

（3）两个冷床在切段扦插后5d内进行正常浇水，尽量保持苗床的水分均匀一致，使茎切段很快生根，进入正常生长。水分正常的冷床在材料的整个生育期保持水潜势低于-10×10^5Pa，并根据土壤干旱情况及时浇水；进行水分胁迫处理的冷床，其水潜势高于-60×10^5Pa，低于-10×10^5Pa。一般材料在水潜势达到$-50\times 10^5\sim-40\times 10^5$Pa时，则开始萎蔫，须及时记录各供试材料和对照品种萎蔫的时间，然后重新浇水，并记载恢复的时间，萎蔫时间较短且给水后恢复快的材料表明受干旱影响较小，具有耐旱性。

（4）定植后60d和75d分别对各基因型取样，测干重。首先选择生长一致的相邻10株取样，在80℃干燥2d。生育后期有块茎时，将地上部分与块茎分开烘干、测重，计算其由于水分胁迫对生长和块茎产量的影响，同时与已知耐旱的对照品种进行比较，入选相当于对照或优于对照的耐旱无性系。

（三）大田鉴定

1. 材料来源

供试材料应是在人工控制的干旱条件下筛选出的少数耐旱材料，通过大田试验，进一步确定其耐旱性和增产潜力，为在干旱地区扩大种植提供依据。

2. 试验设置

选择降雨量较少的干旱地区设置试验区，并以当地种植的耐旱品种作对照。供试材料与对照品种的熟期应一致。视材料多少，采用随机取组或大区对比试验设计皆可。

3. 试验内容

调查记载供试材料的出苗等物候期、产量、块茎大小和典型性，以及是否存在由干旱引起的新生块茎的二次生长，如表现芽眼凸出成节瘤状或成链状结薯等畸形块茎。在干旱地区试验3～4年，基本可以确定耐旱品系或无性系的推广价值。

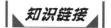

干旱对马铃薯的影响

干旱是我国甚至世界上大部分马铃薯生产地区的主要限制因素，我国马铃薯栽培区划中除中原春秋两季作区和南方冬作区有水浇条件外，其他作区（如北方一作区等）则很少有灌溉设施，多为旱作地区，其中山西省、河北坝上地区的马铃薯主要分布在丘陵山地，十年九春旱是这些地区马铃薯生产的主要问题，常常导致单产不高、总产不稳。我国西部干旱地区历年旱害发生频率很高，4—8月马铃薯生长季节的降雨量仅为200mm左右，植株营养体生长受到抑制,严重影响了干物质的积累和产量增长。即使种植抗旱品种克新1号,干旱严重年份的产量也仅有 $7500kg/hm^2$,有些对干旱敏感品种的产量更低。还有一些干旱地区必须有灌溉条件才能种植马铃薯,即使这样也常常由于植株的蒸腾率过高,根系吸收的水分满足不了地上部的需要,而不同程度地受到干旱的影响,特别是在保水性差的疏松沙性土壤中更为严重。但在这些地区种植耐旱性品种会获得良好的效果。国内外的实践证明,凡在干旱地区适应性强、分布地域广的大部分马铃薯品种都具有较强的耐旱性和稳产性,如我国于1963年育成的耐旱品种克新1号至今在全国仍有很大的栽培面积,特别是在一些干旱地区表现更为突出。2016年在乌兰察布市近26.3万公顷的马铃薯栽培面积中有69.2%为克新1号。内薯7号、乌蒙851、乌蒙684是内蒙古自治区育成的耐旱性品种。又如山西旱作条件下种植的系薯1号、晋薯2号都有较强的耐旱性。就目前的马铃薯生产条件与产量水平分析,只要减少干旱的影响,至少可使马铃薯产量增加50%。因此,育成具有综合优良性状的抗旱品种,应是我国广大旱作马铃薯地区的一个重要育种目标。

1. 干旱对马铃薯的危害

马铃薯播种后或生育期间,由于长期无降雨或降水显著偏少,或无水灌溉导致水分亏缺,阻碍了植株正常生育或造成损伤,影响了产量和块茎品质。表现在以下几个方面:

(1)水分亏缺对马铃薯生长和产量的影响

①抑制或延迟块茎萌发。植物体内绝大多数代谢过程都是在水介质中进行的,马铃薯块茎的萌发经历着一系列复杂的生理生化变化,这些变化过程受各种酶系统控制。马铃薯块茎在萌发过程中得不到充足的水分,影响酶的活性与功能和植株的新陈代谢,进而延迟块茎的萌发和出苗。马铃薯出苗早晚对产量的影响很大,在块茎膨大盛期日积累产量达50kg左右,干旱引起的延迟出苗缩短了结薯和干物质的积累期而减产。

②减少了功能叶面积和光合速率。马铃薯的叶片、嫩枝主要靠细胞吸水后呈现紧张度来保持挺立姿态,以充分接受光照和进行气体交换。叶片对水分亏缺高度敏感,轻度缺水就足以使叶片生长减缓或减少功能叶片数量。马铃薯叶片轻度缺水时,即叶片水潜势为 -3×10^5Pa 时,叶片的伸长受阻;当叶片水潜势低于 -5×10^5Pa 时,叶片的伸长完全停止。因此,从出苗至块茎膨大阶段,水分短缺直接减缓茎叶生长,并形成极小的块茎。如果种薯质量差或受病毒侵染,则影响更大,叶簇往往不能覆盖地面,降低单位叶面积的光合生产率,导致大幅度减产。水分不足时,首先影响到气孔的开放;水分亏缺时则气孔关闭,蒸腾速率降低,与此同时 CO_2 进入叶片的速度减小,限制了光合作用,导致了光合生产率降低。研究证明,当马铃薯植株的细胞极度缺水时,光合器官会发生结构上的变化,势必影响光合作用。

③缩短了植株绿色体的持续期。结薯期土壤水分短缺,促使叶片早衰,叶面积系数减少。同时下部叶片变黄脱落,也阻碍着新叶片的形成。大量的研究证明,块茎膨大期,土壤中可利用的水分含量不能少于50%,随着土壤水分的减少,对抗旱品种产量的影响显著小于对水分敏感的品种。

(2)干旱对块茎品质的影响

马铃薯生长结薯阶段的水分亏缺,能不同程度地影响到块茎的形状、干物质和还原糖的含量等。块茎膨大期的短期干旱,常使块茎产生二次生长,如块茎顶芽伸出匍匐茎,其顶端又膨大形成子薯,或形成链状结薯,或芽眼处凸出形成节瘤状块茎,或块茎周皮龟裂,或块茎形成尖端畸形等。研究发现,当块茎的水潜势达到 -5×10^5Pa 时,只要持续3d,便会产生块茎的缺陷。土壤水分的旱涝波动易使块茎产生纵裂缝。长形的块茎品种(如 Russet Burbank)较圆形的品种(如 Kennebec)更易受干旱影响而变形。长形块茎受到干旱影响时,有时在其基部淀粉积累很少而成半透明的胶质,还原糖含量升高,严重降低了加工品质和商品品质。

2. 马铃薯的耐旱性表现

反映马铃薯耐旱性的形态或生理指标有以下几个方面:

(1)在干旱条件下,耐旱品种的根系损伤较少

在干旱条件下,耐旱品种在根系分布的深度和广度、根系的拉力和强度、根系吸收能力等方面都优于不耐旱品种。研究人员对 24 个马铃薯品种(系)的旱作栽培条件下的评价,证实了块茎产量与根干鲜重、根数和根系拉力呈直线正相关,进而提出根系拉力可作为鉴定植株早期耐旱性的一个参数。

(2)耐旱品种地上部绿色体形成快而早

耐旱品种在轻度水分胁迫下,其植株绿色体能尽早覆盖地面,充分利用光能,提高光合效率。研究证明,单株块茎产量与茎叶覆盖度成直线相关,植株覆盖率可作为筛选抗旱品种的依据。

(3)耐旱品种根系活力较强

耐旱品种由于根系活力较强,植株有较好的保水力,故叶水势和叶片相对含水量的下降程度较不耐旱品种缓慢。科研人员研究了干旱对中早熟品种坝薯 9 号,中晚熟品种坝薯 10 号、乌盟 851 的影响,结果表明,随着水分胁迫时间的延长和胁迫强度的增加,叶片相对含水量和叶片水势下降,蒸腾强度减弱;单株产量与叶水势和收获指数呈显著正相关,与块茎干物质含量呈显著负相关。经综合评定,明确了坝薯 9 号和乌盟 851 是两个耐旱品种。

(4)抗旱品种细胞液有较好的渗透调节能力

抗旱品种受水分胁迫后,叶片的膨压下降幅度较小,仍能维持较好的气孔状态。

(5)抗旱品种水分胁迫后萎蔫恢复快

研究人员将部分品种和无性系种植于温室盆中,经长期干旱处理,发现品种间在开始萎蔫的时间以及浇水后恢复的能力方面有很大差异,这些差异与品种的抗旱性极为相关,是表现品种抗旱性很好的指标。

(6)抗旱品种叶片的解剖结构

植株的气孔大小、单位面积的气孔数等都影响蒸腾和水分散失。但叶片的气孔大小、数目作为抗旱性的指标,目前还没有定论,还需要做更多的研究分析。

马铃薯品种的抗旱性是与抗旱有关的许多数量遗传性状综合作用的结果,用单一的形态特性或生理指标都难以客观地反映品种的抗旱性。更重要的是任何抗旱的形态或生理指标最终都必须与产量联系,只有干旱条件下减产幅度小的抗旱品种才有实际意义。

思考与练习

1. 马铃薯抗晚疫病的抗性类型有哪些?

2. 简述马铃薯抗晚疫病块茎抗性鉴定的一般方法。

3. 抗晚疫病育种转育抗性的方法有哪些?

4. 马铃薯对病毒抗性的类型有哪几种？什么是极端抗性或免疫性？

5. 简述抗马铃薯 Y 病毒(PVY)育种后代的筛选与鉴定方法。

6. 抗马铃薯 X 病毒(PVX)育种如何进行后代的筛选与鉴定？

7. 抗马铃薯卷叶病毒(PLRV)育种的亲本类型及其遗传是怎样的？

8. 简述马铃薯抗 PLRV 育种田间筛选与鉴定的方法。

9. 马铃薯抗旱育种如何进行后代的筛选与鉴定？

10. 马铃薯的耐旱亲本有哪些？

项目十　马铃薯早熟高产品种选育

知识目标

1. 了解马铃薯早熟性、丰产性的遗传规律。
2. 掌握选育马铃薯早熟高产种的标准、亲本选配的原则与方法、杂交后代的筛选方法。

技能目标

能协助进行选育马铃薯早熟高产品种工作。

　　早熟高产品种的选育是马铃薯的一项重要育种目标。我国广大中原二季作地区,春作和秋作马铃薯的生育期都只有 90d 左右,必须种植早熟或中早熟品种。在人口较多、耕地日趋减少的中原省份,进行间作套种是提高土地和光能利用率的有效途径,早熟马铃薯是与粮棉间作套种的理想作物。南方秋冬或冬春二季作区,多利用冬季稻田休闲季节种一季早熟马铃薯,既能增加复种指数,茎叶又是很好的绿肥。其他如云、贵、川的单双季混作区也都有与早熟或中早熟马铃薯的间作套种栽培方式。此外,我国的重要种薯基地,如高海拔、高纬度的内蒙古和黑龙江等省、自治区,也需要种植一定比例的早熟品种,以满足调种地区的需要,或提早供应市场。适于加工的早熟或中早熟品种,可提早加工,延长加工期。其他国家的马铃薯育种工作,也都重视早熟和中早熟品种的选育,如德国登记推广的大部分食用品种和炸片等加工用品种属于早熟或中早熟品种,只有淀粉用品种为中晚熟或晚熟品种。早熟品种发育快,在有利于发挥其生产潜力的栽培条件下,其产量能够超过中熟或晚熟品种,如在山东种植的克新 4 号、东农 303 和鲁引 1 号等早熟品种,其单产可达到 $30000\sim33750$kg/hm^2。然而在不利的外界条件下,早熟品种的产量却显著下降。

一、选育早熟高产品种的标准

　　选育早熟品种以马铃薯植株达到真正的生理成熟,表现茎叶正常枯黄为其生理成熟期。马铃薯生理成熟与早期结薯有关,其产量有很大的差异。产量的差异主要表现在构成产量的因素不同,如块茎膨大速度(或单薯增长率)、单株结薯数,以及单株重等。单纯选育早熟品种比较容易,兼顾高产则较困难。如我国在 20 世纪 60—70 年代推广的红纹白、白头翁、东农 303、北薯 1 号和克新 4 号同样都属于早熟品种,但其块茎膨大速度和产量却有很大差异,其中东农 303 表现了极早熟而高产的特点(图 10-1、图 10-2)。在植株茎叶正常枯黄、具有生理早熟性的基础上,结合选择块茎膨大早、速度快的特性,可以选出极早熟而高产的品种。这种极早熟品种,在种薯繁育过程中,适于早收留种,减少蚜虫传播病毒,以获得较高产的优质种薯。

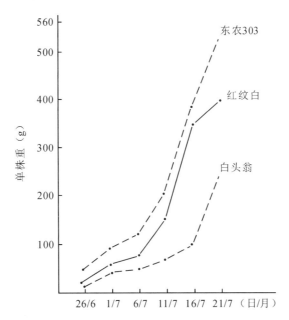

图 10-1　生理早熟性品种结薯及块茎膨大速度曲线

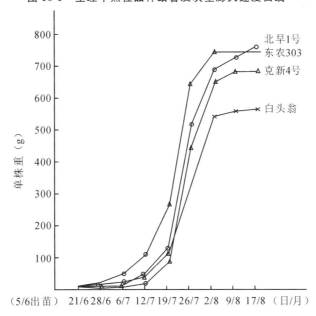

图 10-2　不同早熟品种块茎形成曲线

二、早熟性、丰产性遗传

(一)早熟性遗传

研究人员通过早熟品种沙斯基亚、维拉及早普利与不同熟期的父本杂交,分析了其后代早熟类型出现的频率(表 10-1),证明了马铃薯的熟性是受微效多基因控制的。熟性为异质结合,在早熟×早熟的组合中,其后代中产生的早熟类型频率最高,为 $50\%\sim60\%$;而早熟×晚熟的杂交组合中,仅有 $13\%\sim18\%$ 的早熟个体。在早熟×中早熟、早熟×中晚熟的杂交后代中均出现较多的晚熟类型。

表 10-1　早熟母本与不同熟期父本的杂交组合后代的早熟个体百分率

早熟母本	与不同熟期父本杂交后代早熟类型百分率(%)			
	早熟	中早熟	中晚熟	晚熟
Suskia	61	45,44,37	33,27,25,25,24	18
Vera	51,49,47,46,43	36,34,28	28,27,22,21	—
早普利	—	40	31,35	13

早熟品种在自交后代中分离出的早熟类型不超过 25%,而中早熟和中熟品种仅分离 2%～11% 的早熟类型。因此,进行早熟育种时必须有早熟亲本参与杂交。

(二)丰产性遗传

马铃薯的丰产性是受微效多基因控制的。研究证明:不同亲本的后代在产量水平上的差异很大,其产量的分离呈连续变异,少数杂种后代的产量有超亲现象。亲本高产×高产杂交组合与高产×低产组合相比,前者出现的高产后代比例要显著高于后者。高产的亲本类型与高产的杂种后代之间有极显著的正相关关系,即高产的亲本后代中可出现较多的高产类型。

马铃薯的产量主要取决于块茎的数量和块茎的平均重量。试验证明这两个性状都能遗传。块茎的平均数与第一代的产量之间有显著的正相关关系。在遗传上,块茎大小比块茎数量是更加稳定的性状。例如品种阿奎拉和弗拉瓦(Flava)的后代块茎虽多,但较小;而品种燕子、莎比纳(Sabina)后代中的块茎虽不多,但很大。选配组合时,应避免两个亲本的块茎都是多而小的类型,应使双亲的块茎大与数量多互补。我国利用亲本白头翁×卡它丁育成的东农 303、克新 4 号和北薯 1 号 3 个品种,都结合了母本块茎数较多、父本块茎大的特点。

三、马铃薯早熟高产育种亲本的选配

(一)亲本选配的依据

育成高质量的早熟品种,首先要有高质量的亲本,即能够产生对早熟性、丰产性和抗病性等重要经济性状有大量遗传变异的优良后代群体。因此,在广泛开展早熟高产育种工作之前,筛选优良亲本和杂交组合是十分重要的。

1. 选择自身表现优异的亲本

研究证明,许多农艺性状的表现与中亲值和杂交组合平均数高度相关。因为育种目标中所要求的许多经济性状,如产量和产量的有关因素、淀粉含量等都是受多基因控制的数量性状,其遗传存在着明显的数量效应和累加作用,亦即杂交后代的分离多介于两个亲本之间倾向中间型,其后代的平均表现与亲本的平均数很相近。因此,提高亲本的数量性状水平,其杂交后代的平均表现亦好,选优的概率增加。

2. 根据配合力选配亲本

根据后代广泛数量性状的测定资料进行配合力分析,对评价亲本和组合是一个很有用的方法。选育多基因控制的数量遗传性状的品种,配置的组合应产生具有广泛遗传变异性和平均数高的杂交后代。同时要考虑一般配合力(GCA)和特殊配合力(SCA)在数量性状

遗传上的相对重要程度。对同源四倍体马铃薯来说,数量性状的 GCA 包括亲本基因型间的基因累加效应及位点内和位点间的部分基因互作;受 SCA 影响的性状,仅有亲本的表现资料是不起作用的。因此,根据亲本组合后代的测交试验获得 GCA 和 SCA 选配组合,比只根据亲本的表现更为可靠。为了测定 GCA 和 SCA 对各种数量性状的相对重要性,许多学者分析了 GCA 和 SCA 成分的变量。

3. 通过亲本系谱分析选配组合

试验证明,在植株和块茎发育适宜的日照和温度条件下,杂交后代表现的杂交优势强弱与双亲的遗传异质性密切相关。双亲的遗传背景差异大时,不仅后代表现强的杂交优势,且变异类型多。因此,在选配杂交组合之前,应对所用的双亲进行系谱分析,避免用亲缘相近的亲本杂交,以免产生自交效应。

4. 多变量分析

多变量分析是在多性状基础上用来分析亲本的优劣和评价杂交组合的方法。该项技术可解决单性状分析中存在的不足,同时,多性状的分析还可研究马铃薯的杂交后代表现。

5. 常规方法评价亲本和组合

任何从事马铃薯育种的单位或个人都会根据早熟高产或其他育种目标广泛采用亲本和配置大量组合,不同的亲本组合产生优良的实生苗和无性系的潜力差异悬殊。通过对大量杂交后代的选择记录分析,可以确定好的亲本和组合。

6. 根据花粉育性选配亲本

用作亲本的大部分早熟品种虽然能够开花,但花药瘦,呈黄绿色,无花粉或有效花粉率低,或花粉育性较差,不能天然结实的,只能作母本。因此,在其用作亲本之前,需通过醋酸洋红染色,检查花粉的有效百分率,或用硼酸蔗糖溶液测定花粉萌发率,以确定其适合于作父本还是母本。

7. 兼顾早熟性与丰产性亲本

当双亲皆为早熟类型时,其后代虽产生较多早熟类型,但一般表现块茎少而小、产量低。以早熟亲本与丰产性好的中熟或中晚熟亲本杂交,易选到早熟、丰产的品种,如从白头翁×Katahdin 的组合中选育出克新 4 号、东农 303 和北薯 1 号,从高原 7 号×Vera 的组合中选出郑薯 4 号等早熟品种,已在全国大面积推广。

在早熟、丰产育种中,由于利用早熟亲本与中晚熟亲本杂交,常导致花期不遇,一般早熟亲本开花早,花期短。为了调节花期,可将早熟亲本分期播种,或采用"砖块法"种植,增施氮肥,延长花期。

(二)早熟、高产育种的亲本

1. 栽培品种或亲本无性系作亲本

早熟育种的亲本之一必须是早熟或中早熟品种,在各国的马铃薯资源库中,早熟品种较少,因此,选育配合力高、有潜力的早熟亲本系是十分必要的。在实际育种工作中,也经常利用国内外综合性状优良的早熟品种。常用作亲本的早熟品种有丰收白、白头翁、红纹白、小叶子、中薯 2 号、中薯 3 号、东农 303、克新 4 号、克新 9 号、北薯 1 号、沙杂 1 号、郑薯 2 号、郑薯 5 号、郑薯 6 号、鲁马铃薯 1 号、春薯 1 号、春薯 5 号、早大白、呼薯 5 号、双丰 4 号、沙士基亚、Colmo、Norkota、Jemseg、Arqula 等,以及综合性状优良的早熟育种中的无性系。用于早熟育种亲本的中早熟品种有春薯 5 号、呼薯 1 号、呼薯 4 号、乌蒙 601、双丰收、坝薯 10 号、

Houma、Aonma、Bison、DTO33、Flora、Norgold、Norland、Ostara、Saco、Stroma、Accent、Spunta、Urgenta、Vera、Ⅰ-1124 等,以及综合性状优良的无性系。

早熟和中早熟品种多数不抗晚疫病,当利用其作亲本,特别是作母本时,杂交后浆果膨大时期,如遇多雨天气,空气中相对湿度较大的情况下,极易发生晚疫病,导致植株和浆果腐烂,影响种子发育。因此,应根据天气情况及时防治晚疫病,延长早熟亲本生育期,保证浆果和种子正常成熟。

2. 利用亲缘关系远的中熟、中晚熟或晚熟品种作父本

经常用作父本的中熟品种有 Katahdin、292-20 和优良的育种无性系;作父本的中晚熟或晚熟品种有 Epoka、Mira、Schawlbe、Aquila、Capella、Ukama、Apta 和育成的无性系。在利用中熟、中晚熟或晚熟品种作亲本时,应综合分析双亲的亲缘关系,选用亲缘关系远的亲本相互杂交,其后代既可产生较强的杂种优势,且有多样性的分离和较大的选优概率。

上述早熟、中早熟和晚熟等品种的主要生物学和经济学性状可查询中国资源数据库。

3. 利用新型栽培种作亲本

具有广泛地理分布和丰富遗传基因库的安第斯栽培种有许多可利用的特性,如对晚疫病的田间抗性,对细菌性青枯病或环腐病的抗性,对 PVX、PVY 和 PVS 的免疫和过敏抗性,对线虫的抗性,以及高淀粉含量等。该种虽易与普通栽培种杂交,但其在长日照下有晚熟、匍匐茎长、块茎小等不利性状,必须通过轮回选择方法选出适应长日照结薯并具有综合优良性状的新型栽培种。利用新型栽培种的选系与普通栽培种杂交,其后代的杂种优势强,增产潜力大,普通栽培种与新型栽培种的杂种总产量的优势为 15.8%。我国部分科研单位对安第斯栽培种进行了 4~6 次轮回选择,入选了一批优良无性系,如 NS12-156-1 等,不但综合性状优良,且具有良好的配合力。利用其作亲本已选出一批优良杂交组合,如乌H_5的F_1实生苗较克疫品种的天然实生苗增产 35.8%。此外,还获得了一批高产、高淀粉和抗晚疫病的亲本材料,这是育成新品种的重要资源。利用早熟亲本与这些新型栽培种杂交,可选到杂种优势强、高产和早熟的品种。

4. 利用二倍体栽培种 *S. phureja* 作亲本

该二倍体种植株较矮,块茎红色,有时芽眼上有白色条纹,匍匐茎短,块茎休眠期很短,在长日照下可形成块茎,能分离出抗青枯病、疮痂病、PVX、PVY、PVA 和 PLRV 的无性系,可作为选育早熟、块茎休眠期短、适合二季作品种的亲本。

四、早熟高产后代的鉴定与选择

(一)早熟杂交实生苗的培育和选择

如前所述,早熟×早熟组合只能分离 50%~60% 的早熟后代;早熟×中晚熟组合仅分离 20% 左右的早熟个体,亦即后代入选的概率较低,另外还需要结合许多其他性状,如抗病性等,则具有综合优良性状的早熟品种的入选概率更低。因此,实生苗的数量关系到早熟育种的效果。据统计,在我国曾大面积栽培的克新 4 号早熟品种的入选概率为 0.08%(选育出的品种与育种同期基础实生苗之比)。杂种实生苗的数量是早熟育种的基础,早熟育种的每个杂交组合必须有较大的群体,才能有好的选择效果。

掌握早熟杂交实生苗的生育特点,可正确培育和选择早熟实生苗。早熟实生苗与晚熟实生苗在生育特点方面有很大区别(表 10-2)。由于早熟杂交实生苗生长势弱,结薯早,移

栽成活率低,减少了选优概率,因此育苗、移栽和定植都应给予最好的条件。为提高其成活率,可将早熟组合的种子,经赤霉素或活性炭处理、催芽后,直接播种于花盆中,加强栽培管理,按早熟实生苗的生育期(约 120d)一次性收获,并进行选择。

表 10-2 早熟实生苗与晚熟实生苗的生育特点(引自孙慧生,2003)

生育特点	早熟实生苗	晚熟实生苗
植株	较矮,生长势弱,茎的分枝短而少;完整的复叶出现早,顶小叶叶片大	较高,生长势强,分枝长而多;完整的复叶出现晚,顶小叶叶片较小
花序	花序节位低,花芽分化多在植株 13～14 个节上,现蕾开花早,花序和开花量少	花序节位较高,花芽分化多在植株 16～18 个节上,花序多,开花量多
就眠性	不明显	明显
结薯习性	匍匐茎短,出苗后 25d 左右匍匐茎顶端膨大结薯	匍匐茎长,出苗后 40d 左右开始结薯

注:就眠性指日落后,植株叶片上竖。

实生苗的入选根据是:实生苗的早熟性与其无性系的熟性极为相关,两者的相关系数为 $r=0.6\pm0.069$,因此,在杂种实生苗当代可进行早熟性的选择,一般不进行产量的选择,因杂种实生苗的产量与其无性系的产量不存在相关性,相关系数 $r=0.16\pm0.05$。试验证明,成功地选择杂种实生苗,只能根据实生苗所结的块茎大小和形状选择。基于上述论点,根据表 10-2 中早熟实生苗的生育特点,入选植株较矮、分枝少、封顶早、叶片大、地下部结薯集中、块茎较大、结薯数较少(4～7 个)和薯形好的早熟单株;淘汰结薯晚、块茎小或未结薯的晚熟实生苗。也可按家系入选单株,自每个单株中选取 1 个块茎,供无性系一代的选择。

(二)早熟高产无性系的选择

1. 第一代无性系的选择

种植入选的早熟实生苗单株块茎,放大行株距,便于选择单株,每 10 个单株设 1 行当地推广的早熟品种作对照。其入选标准主要看其第一代无性系与其第二代无性系的熟期、产量等经济性状是否有相关性,只有当其有相关性时,才应作为入选第一代无性系的标准。综合国内外有关早熟性、丰产性等因素的相关性分析结果:熟期的相关性很高,株高次之,亦即在无性一代根据熟性和株高进行早熟性的选择是十分有效的。产量和产量有关因素以及块茎形状表现低到中等相关,因此,第一代无性系的产量等经济性状也可作为选择的根据。生育期淘汰感染病毒病的株系,凭目测鉴评入选出苗早、苗期生长快、茎叶尽快覆盖地面且块茎大而整齐、薯皮光滑、芽眼浅的早熟高产株系。

2. 第二代无性系的选择

对入选的第一代早熟无性系继续进行抗性和经济性状的选择。每个无性系种植 1 行(10 株),并设早熟对照品种。结合地上部选择,于开花后期,自每个无性系取样两株,测定块茎膨大情况,作为选择早熟性的参考。最后,根据对病毒病的抗性、早熟性和产量、块茎大小和整齐度等性状入选优良早熟品系,进行品系鉴定试验。

3. 品系鉴定试验

自开花始期,每隔 1 周取样一次,选择块茎形成早和速度快,抗病、高产、薯形好和块茎整齐的早熟品种,进行品种比较试验。

4. 品种比较试验

参见育种程序,此处不赘述。

5. 区域试验和生产试验

区域试验点的分布应考虑不同的生态条件,以鉴定早熟品种的适应性。对区域试验中表现优异的早熟品种进行生产试验,面积至少为 $330m^2$,采用当地的栽培方式与对照品种比较。

思考与练习

1. 马铃薯早熟丰产性的遗传规律是怎样的?

2. 马铃薯早熟丰产育种时如何合理选配亲本?

3. 如何进行早熟高产无性系选择?

4. 常用作早熟丰产育种亲本的品种有哪些?

项目十一　马铃薯加工型品种选育

马铃薯加工型品种的市场需求量越来越大，特别是近几十年来，以马铃薯为原料的加工产品得到了空前发展。目前世界主要的马铃薯加工产品有薯片、薯条、全粉（颗粒雪花粉）、淀粉等，且其需求量持续上升。近年来，我国对于马铃薯加工的原料薯需要量日趋增加，但加工型的品种却很短缺。因此，加强适宜我国栽培的加工型马铃薯品种选育是十分迫切的育种任务。

任务一　马铃薯高淀粉品种的选育

一、高淀粉马铃薯品种的育种目标

在高产、抗病马铃薯品种的基础上，淀粉含量应在 18％ 以上，块茎中等大小（50～100g 块茎的淀粉含量较多，大块茎和小块茎的淀粉含量均较少），均匀一致。块茎表皮光滑而薄，芽眼较浅且少。块茎中髓部所占比例较小。块茎中的糖和蛋白质及纤维素含量少。表皮和薯肉的颜色较浅，块茎组织抗机械损伤及褐变能力强。另外，在高淀粉品种的育种方向上，有人提出选择淀粉产量高的品种，因在淀粉生产加工中，品种的淀粉产量与产值有直接关系。品种的淀粉产量是由块茎产量和块茎的淀粉含量两方面决定的。因此，育种须兼顾两个方面，有时淀粉含量特别高（高于 20％）的品种产量过低，淀粉的等级效益抵不住产量效益。一般产量较高，其淀粉含量又高的品种，其淀粉含量多在 18％ 左右，选育这样的品种可兼顾农民和加工商两者的利益。高产、高淀粉品种多为中晚熟类型，必须抗晚疫病和环腐病等，特别是块茎抗病性更为重要。晚疫病、环腐病、黑心病不但影响产量，还影响产品的质量。为了使北方一季作地区提前进入淀粉加工期，选育出淀粉含量较高（淀粉含量在 15％ 以上）的中熟品种也是重要的育种目标。

二、选育高淀粉品种的亲本

(一)利用普通栽培种作亲本

一般以普通栽培种品种间杂交的成功率较高,普通栽培种中的一些品种的一般配合力和特殊配合力都很高,亲本选配恰当,在后代中可选出高淀粉的无性系。普通栽培种品种间杂交的后代商品性较好,不必回交和用其他方法进行改良。

1. 亲本选配原则

在亲本的选配上,应当选择淀粉含量高的品种或品系作为杂交亲本。多数研究认为,亲本的淀粉含量和后代的淀粉含量之间呈显著的正相关($r=0.85\sim0.95$)关系。试验证明,高淀粉×高淀粉(淀粉含量均在22%以上的品种)能够分离出淀粉含量为26%以上的实生苗的比例为23.6%~53.0%;高淀粉×中淀粉(淀粉含量为20%~22%的品种)分离出淀粉含量为26%以上的实生苗的比例为4.5%~15.6%;高淀粉×低淀粉(淀粉含量为14%~18%的品种类型)仅有1.6%~1.8%实生苗的淀粉含量可达到26%。可见,在高淀粉育种中,亲本应当是高值的。

在高淀粉的育种目标中,高淀粉含量必须与丰产性、块茎大小适当、熟期较早、抗病毒、抗真菌和细菌病害等综合特性表现相结合。这就要求在亲本的选配上应注意淀粉含量与其他重要性状相互补充,将高淀粉含量和高产、抗病等性状结合起来,选育出优异的高淀粉含量品种。

许多研究发现,最高的淀粉含量往往与低产和小块茎伴随发生。为了解决这个问题,可以通过高淀粉含量品种与丰产且淀粉含量中等品种的杂交组合,以筛选高淀粉含量和中型块茎相结合的无性系。具有高淀粉含量亲本的复合杂交对于提高后代的淀粉含量、增加高淀粉后代的出现频率有着重要的意义,一些高淀粉的品种都是这样育成的。

块茎中的高淀粉含量与晚熟性呈显著正相关,早熟和中早熟品种中没有淀粉含量特别高的类型,如果亲本选配适当,特别是用早熟亲本作母本,可能育成早熟、中早熟且淀粉含量较高的品种。例如,沙斯基亚×高淀粉组合中已经育成早熟且有较高淀粉含量的类型。

2. 较好的高淀粉育种材料

在马铃薯普通栽培种品种中,德国、前苏联育成的品种往往具有淀粉含量高的特点。淀粉含量高的品种有阿米拉、卡皮拉、奥达、奥斯特包捷、巴那西亚、拉兹瓦里斯蒂、洛比尼亚、强壮、高淀粉、燕子、斯列西恩、斯特尔拉吉斯、斯特克佩赫1号、艾德克拉符特等。艾德克拉符特、高淀粉等品种是育成高淀粉类型的优良亲本。一般而言,晚熟品种的淀粉含量比早熟品种的要高,生育期短和淀粉含量低有着生理上的联系。黑龙江省克山马铃薯研究所筛选出早熟高淀粉材料MEX-750821,淀粉含量为19%左右,抗晚疫病级别为1级,是今后选育早熟淀粉加工用品种的优良资源。

(二)利用近缘栽培种作杂交亲本

马铃薯普通栽培种的近缘种四倍体 *S. andigena*(4x)和二倍体 *S. phureja*、*S. stenotomum*,具有高干物质或高淀粉含量和高蛋白质含量的特性,且具有较好的配合力,在品质方面还有适于炸条、炸片的低还原糖含量的特性,已经被育种家们所关注。我国在近缘种之间的杂交研究方面做了一些工作。东北农业大学于1980年以后连续进行了6轮次的 $4x \times 4x$ 和 $4x \times 2x$ 的配合力测验。其中 $4x$ 包括 *S. tuberosum*、*S. andigena* 栽培种,$2x$ 包括 *S.*

phureja 和 *S. stenotomum* 能够产生 $2n$ 配子的二倍体杂种。田兴亚等(1996)"对产生 $2n$ 配子的二倍体杂种遗传效应的估计"的研究表明，*S. phureja* 的一些优良基因能够累加到 $4x$-$2x$ 后代中，提高育种的入选率，特别是在提高淀粉含量和早熟性上表现出突出的作用。人们对于经过筛选的适宜长日照的新型栽培种 *S. andigena* 的大量材料，重点进行了块茎重量和单株产量的选择。由于新型栽培种和普通栽培种杂交，在产量上具有明显的杂种优势，因此在近几十年来被广泛利用。在淀粉含量育种上，国内外育种单位也使用了新型栽培种为亲本，单株结薯数明显增加，块茎表现中等偏小，但淀粉含量增加。

（三）利用野生种作亲本

马铃薯的野生资源相当丰富，不乏淀粉含量超过 20% 的种质资源材料。例如六倍体的 *S. demissum*，不仅抗晚疫病，而且具有很高的淀粉含量。试验表明，用 *S. demissum* 和普通栽培种杂交，再用普通栽培种回交［(*S. tuberosum* $\times$ *S. demissum*) $\times$ *S. tuberosum*］，可出现淀粉含量达到 28% 的后代个体。

远缘杂交的后代具有较大的变异幅度和趋向野生性，必须与普通栽培种回交，增加了育种工作量，延长了育种周期，但是，它对改进和大幅度提高普通栽培种的淀粉含量具有重要作用。六倍体 *S. demissum* 与四倍体普通栽培种品种的可交配性很好，后代在多代回交的过程中，抗晚疫病及影响淀粉含量的基因不易流失。用普通栽培种回交，既可改善后代的栽培性状和产量性状，又可提高淀粉含量。

（四）利用基因工程育种提高淀粉含量，筛选转基因高淀粉无性系材料

目前，国内外利用基因工程提高淀粉含量有两个途径：一是利用反义基因技术改变马铃薯直链淀粉与支链淀粉的比例，已经获得成功；二是提高合成淀粉的生理活化机能。在淀粉合成中 ADP-葡萄糖焦磷酸化酶是一种关键酶，提高它的活性可以提高淀粉含量。有企业将来自大肠杆菌的 ADP-葡萄糖焦磷酸化酶基因导入马铃薯中，块茎的淀粉和干物质含量平均提高 24%。相反，若导入该酶的反义基因，则淀粉含量下降到只有对照的 2%，而蔗糖和葡萄糖含量分别上升到干物质含量的 30% 和 8%。类似的，将环状糊精糖基转移酶基因导入马铃薯后，环状糊精仅占干物质含量的 0.001% ～ 0.01%。

三、后代淀粉含量测定与筛选

（一）F_1 实生苗的淀粉含量测定与筛选

在高淀粉含量的育种中，加强对淀粉含量这一性状的选择非常重要，可以通过加大对于后代所有单株的淀粉含量的筛选来实现。因为马铃薯的亲本材料大多是杂合体，其杂种 F_1 世代即出现分离，为了加快淀粉含量育种的速度，应在 F_1 实生苗世代就进行淀粉含量的筛选。研究证明，实生苗单株系统所有块茎的平均值和上限块茎值，与其无性一、二代的淀粉含量平均值明显相关。在 F_1 实生苗开始进行高淀粉的筛选，单株的结薯数和重量都比较低，因此在测定淀粉含量时应当采用简易、快速、有可比性的粗略方法，以扩大分析样品的数量，提高对淀粉含量的选择强度，加快育种速度。

（1）盐水比重法。在成套玻璃器皿中配制不同比重的盐水溶液，将 F_1 实生苗每个单株的块茎逐个进行测定，块茎浮出盐水溶液的相应比重即为块茎的比重。

（2）简易淀粉测定法。这是用于高淀粉育种早期粗选的方法。先用简易定积取薯钳在块茎的一定部位取出一个长为 50mm 的薯条，称鲜重，除以体积（10cm³），其数值的 1/10 即

为该样品的比重。

(二)无性系的淀粉含量测定与筛选

马铃薯遗传上的异质性和四倍体遗传的复杂性,确定了马铃薯的每个杂交组合的 F_1 必须有相当大的群体,才能选到淀粉含量高兼有综合优良性状的品种。如在 F_1 进行高淀粉的筛选,由于群体很大,又必须测定每个 F_1 实生苗单株所有块茎的比重,并求其平均值和上限值,工作量非常大,因此,在无性一代作高淀粉株系的初选更为适宜。利用无性一代筛选较 F_1 实生苗有以下优点:①无性一代与其无性二代在产量、淀粉含量等经济性状方面都有相关性。②无性一代经过 F_1 实生苗的初选和无性一代的田间选择,株系数减少,而每个株系的块茎数较多,可取群体样本测定比重,比 F_1 测定每个实生苗个体的所有单个块茎更为准确。③可节省大量工作量。

无性系淀粉含量测定多用比重法,也可用实验室碘比色法。

1. 比重法

该法不需要太多的仪器设备,简便易行,比较粗放,样品大时比较准确,样品以 5～10kg 为好。该法不损害块茎种薯,所以,对于育种后代的多个小样品也可用该法进行测定,可以比较不同无性系淀粉含量的趋势,作为淀粉含量育种选择的依据。

对于小样品的测定,是根据德国美尔凯尔教授实验获得的美尔凯尔表来计算样品的淀粉含量。美尔凯尔测出淀粉含量与干物质含量之间的差是一个比较固定的常数 5.75,即在马铃薯的干物质含量百分率中减去 5.75%(即干物质中含有的纤维素、半纤维素、灰分、蛋白质、脂肪、有机酸等,这部分约为 5.75%),得到的结果为淀粉价。淀粉价包括糖分在内,根据大量材料分析,一般糖分约占淀粉价的 1.5%,所以,淀粉含量的最终结果是:

$$淀粉价=干物质含量(\%)-5.75\%$$

$$淀粉含量(\%)=淀粉价\times(-1.5\%)$$

对于小样品测定得到的结果,可以查美尔凯尔表直接得到淀粉价,作为马铃薯淀粉含量的值。

比重法的程序:

(1)将样品块茎洗净,特别是芽眼较深的品种里面的泥沙必须清除,将样品晾干。样品数量多时从中随机称出 5kg 样品,使用感量为 1g 的天平称重。小样品须使用 0.1g 感量的天平称重。称得空气中的质量为 A。

(2)将上述试样中的所有块茎都浸入 17.5℃ 的清水中称重,得出 B 值。要防止块茎碰到容器的壁上,小样品称重的天平感量必须在 0.01g 以上。一般使用 400～500L 的不锈钢圆筒。水温和水质均影响浮力。使用的网袋必须是用细尼龙线编织的,不影响块茎的排水能力。

(3)按公式求出比重:马铃薯块茎的质量与同体积的水的质量之比就是块茎的比重。

$$块茎比重 D=\frac{A(块茎样品在空气中的质量)}{A-B(同一块茎样品浸入水中后的质量)}$$

(4)查美尔凯尔表,得淀粉价。

还可使用比重仪测定。比重仪要求固定质量的块茎样品,即在金属筐中放入大约 3651g 的样品,应当使用感量为 0.1g 的天平称重。取样应是随机的,浸入水中的温度应保持在 15℃,读出水面的比重值,然后查表求出淀粉含量。

2. 实验室碘比色法

碘比色法适宜测定块茎的小样品,甚至可以测定茎叶中的淀粉含量,需要较好的比色仪器。

(1)原理。淀粉与碘作用变成蓝色,淀粉含量与颜色深浅成正相关,颜色愈深则表示淀粉含量愈高。根据此原理,利用光电比色计进行比色,再通过公式计算即可得到较为准确的淀粉含量。

(2)试剂的配制。60%的高氯酸:取 80mL 75% 高氯酸,加蒸馏水 20mL。碘试剂:称 5g 碘化钾,溶于 50mL 蒸馏水,把 2.5g 碘溶于碘化钾溶液中,充分搅拌后即成为碘试剂原液。应用时取 1 份原液,加 9 份蒸馏水稀释。

(3)标准曲线制作。在分析天平上称取恒重可溶性淀粉 0.1g,加水 2mL,调成糊状,然后加入 60% 高氯酸 3.2mL,继续搅拌至全部溶解,定容到 250mL 容量瓶中,即得到 400mg/kg 的原液。吸取 0.5mL、1.0mL、1.5mL、2.0mL、2.5mL、3.0mL 原液,放入有刻度的小试管中,加蒸馏水 3mL,各加碘试剂 2mL,摇匀放置 5min,加蒸馏水至 10mL,即成为 20mg/kg、40mg/kg、60mg/kg、80mg/kg、100mg/kg、120mg/kg 的标准液。用蒸馏水作对照在波长 660nm 下比色,以所得光密度为纵坐标,以标准液浓度为横坐标,制成标准曲线。

(4)方法。称取粉碎干样品(块茎 0.1g,茎叶 0.5g;如果取鲜样,测块茎取 0.5~1.0g,测茎叶取 5g),放在 50mL 烧杯中,加蒸馏水 2mL,调成糊状,在搅拌中加入 3.2mL 60% 高氯酸,继续搅拌 10min,然后用蒸馏水洗入 100mL 容量瓶中,加水定容至刻度并摇匀,静置或离心后取上清液 5mL 加入到刻度试管中,加水 3mL,再加碘试剂 2mL,摇动,放置 5min,定容至 10mL,以蒸馏水作对照,放在波长 600nm 滤光镜下比色,得到不同光密度。

(5)计算公式:

$$淀粉含量(\%)=\frac{r}{样重\times 1/100\times 0.5/10\times 10^{6}}\times 100$$

上式中 r 代表标准曲线上查出的浓度(mg/kg)。

马铃薯淀粉含量因测定方法、测定时间和取样地点(即生产地)不同而有一定的变化范围,但稳定性较好,变化范围比产量性状的要小得多。对于不同品种,应当取同一试验条件,采用同一测定方法,所得出的数据才能进行比较。测得的数据应当列出平均数和标准差,测定方法和使用的仪器。如果是百分数基础数据,在进行方差分析时应当进行反正弦的转化。

马铃薯淀粉和干物质含量

马铃薯提供的主要营养物质是碳水化合物,是人类食品中能量的来源之一。100g 鲜薯水煮后可提供 0.3MJ 热量。马铃薯干物质含量是衡量其营养成分的主要指标。干物质一般占鲜薯的 18%~28%。收获时,块茎的干物质占全株干物质的 60%~90%,因品种不同和栽培水平不同而异。在马铃薯的全粉生产中,干物质的含量非常重要。淀粉在干物质组分中的含量最大,介于 60%~80% 之间。块茎中的淀粉含量与干物质含量密切相关,因此,通常用比重法测定干物质含量的同时即可计算出淀粉含量,比重高的品种的淀粉含量必定高。实验室常用 3,5-二硝基水杨酸比色法测定还原糖含量,再乘以 0.9 来计算淀粉含量。原理是淀粉被酸水解和淀粉酶解稀释析出还原糖,然后进行比色标定。0.9 为葡萄糖换算为淀粉的因数,即 $C_6H_{10}O_5$、$C_6H_{12}O_6$ 相对分子质量的比例。我国的主栽品种,淀粉含量一般在 12%～16% 之间,专用加工淀粉品种的淀粉含量可达 18% 左右,现有育成高淀粉品种均因产量低而没能大面积推广。在资源材料中有报道淀粉含量 35% 的品系,但是不很稳定。比重法测定的实质是马铃薯块茎的干物质含量,其淀粉含量是根据相关系数折算的。比重法比较适用于食用加工型品种的淀粉含量测定和经常性的检验。干物质含量中的矿物质含量因品种不同而异。另外,马铃薯炸条和炸片品种的干物质含量不需要太高,因为干物质和淀粉含量高的块茎,由于含水量过低,油炸出的产品硬而易碎,以淀粉含量 15% 左右较为适宜。淀粉含量作为马铃薯育种的主要目标,不同品种淀粉含量的差异很大,但这种特性可以比较稳定地遗传下去,环境和栽培水平对所有品种淀粉含量的影响是一致的。

淀粉结构与马铃薯的食用品质有一定的关系。在块茎的薄壁细胞中,淀粉是以淀粉粒的形式存在的。它是由直链淀粉和支链淀粉盘旋而成,具有一个偏心轴和连续的片层。马铃薯的淀粉粒较大,大的淀粉粒长径可达 100nm,一般在 10～60nm 之间。淀粉粒除含有淀粉外,常连接其他物质而具有复合性质。在马铃薯的淀粉粒中,约含有 22% 的直链淀粉和 78% 的支链淀粉。直链淀粉分子较小,水溶性比支链淀粉大,用碘-碘化钾溶液染色时呈紫色或蓝色。

淀粉在酶的作用下可以转化为糖,已知有 3 种酶可把淀粉水解成糖或其衍生物。这些酶包括 α 和 β 淀粉酶以及淀粉磷酸化酶。α 和 β 淀粉酶水解淀粉的过程是不可逆的,而淀粉磷酸化酶所催化的分解淀粉的反应是可逆的,主要受温度影响。例如马铃薯块茎在 0℃ 以上的低温条件下贮藏时,可引起还原糖(如葡萄糖和果糖)和蔗糖的积累,同时淀粉减少 1%～5%。还原糖的积累是转化酶活性提高的原因所致。贮藏温度再回到 10℃ 以上,则块茎中的糖又再转化成淀粉。马铃薯块茎的淀粉类型受遗传控制,WX 和 Wx 控制直链淀粉,支链淀粉受隐性基因 wx 控制,淀粉粒中直链淀粉和支链淀粉的比例因品种而不同。蒸煮和炒食中的黏、脆性,可能和两者的比例有关。马铃薯淀粉的糊化温度低,吸水膨胀率大,透明度好,开始糊化温度为 56℃,糊化完成温度为 67℃。

任务二　马铃薯炸片、炸条品种的选育

一、炸片、炸条加工品种的育种目标

(一)炸片品种的育种目标

在高产、抗病、适应性好的基础上,还应选育满足炸片品种特殊要求的块茎性状:

(1)薯形。圆球形,结薯整齐,块茎大小以直径 5.0～7.0cm 为宜。不宜发生空心和黑心。

(2)薯皮和薯肉。薯皮薄而光滑,以乳黄色或黄棕色为宜,块茎表皮对光照不敏感,即薯皮不易变绿。薯肉颜色根据各国和地区的喜好而定,东方人较喜欢黄色薯肉,美洲人则要求白色薯肉,油炸后仍然保持着极淡的乳白色,色泽指数以 1.00 以下为好。

(3)芽眼。浅而少,有利于清洗和去皮。

(4)块茎干物质含量。品种的块茎干物质含量关系到加工制品的质量、产量和经济效益。块茎干物质含量高,加工过程中消耗于蒸发水分所用的能源少,耗油量低,同时炸片产量也高。但是,干物质含量过高,生产出来的薯片比较硬,易碎。以相对密度高于1.080,干物质含量在20%~24%较为适宜。

(5)块茎还原糖含量。还原糖的含量是确定一个品种是否适合炸片的重要条件。块茎在油炸过程中,其还原糖中的醛类与氨基酸和蛋白质中的游离氨基反应,产生褐化物质,影响炸片的颜色和品质。一般来说,还原糖含量愈低,炸片的颜色愈好。炸片品种的育种目标要求还原糖含量以0.1%为最好,上限不超过0.4%。马铃薯块茎在低温下贮藏时还原糖含量增加,必须经回暖处理后还原糖含量才会很快降低。育成在低温贮藏条件下可直接加工的品种是当前国内外炸片育种的重点。1996年由美国北达科他农业实验站育成的炸片品种Novally,具有高产,薯皮、薯肉白色,长期贮藏于6℃条件下还原糖含量仍然很低,不经回暖处理即可进行炸片加工,抗低温糖化的特性。

(二)炸条品种的育种目标

(1)薯形。长椭圆形,块茎大(200g以上),两端宽圆,髓部长而窄,无空心。

(2)薯皮、薯肉。薯皮乳黄色或黄棕色,表皮光滑;薯肉白色或乳白色。

(3)芽眼。浅而少。

(4)块茎干物质含量。相对密度在1.085以上。对炸条品种的干物质含量的要求更为严格,以使炸条直而不弯曲。

(5)块茎还原糖含量。还原糖含量不高于鲜重的0.4%。

(6)块茎生长特性。块茎生长膨大均匀,无内部和外部生长缺陷,无次生生长和畸形,无生理性坏疽、空心,无生长开裂畸形、遇热坏死等。对光不敏感,薯皮不易绿化。块茎较抗机械损伤,抗病菌感染和抗腐烂。

二、选育马铃薯炸片、炸条品种的亲本

(一)选用普通栽培种作杂交亲本

炸片、炸条加工品种的选育,有时是在已有品种基础上进行改良,例如美国利用布尔班克品种作亲本,选育出努克赛克,保留了布尔班克的长椭圆薯形、芽眼浅和低还原糖的特性,增加了抗晚疫病、卷叶病毒病等特性。近年来,欧美国家的油炸加工品种多是用杂交方法育成的,如炸片品种大西洋,由美国于1976年杂交育成,其杂交亲本为Wauseon×B5141-6。炸条的品种夏波蒂是加拿大杂交育成的。我国育成食用鲜薯品种,经近年来的加工筛选,也发现了很多适宜炸片的品种,例如克新1号、东农303等,都是通过杂交育成的。在杂交亲本的选配上,除了考虑一般品种必须具备的性状,如高产,对晚疫病、疮痂病、青枯病、环腐病的抗性外,还应选择具有炸片或炸条特性的品种。北美育成的许多适于炸片的品种,都是利用了具有炸片性状的品种作亲本。目前国内具有炸片性状的品种列于表11-1,大部分可作选育炸片品种的亲本材料。

中国农业科学院蔬菜花卉研究所于1994年对从荷兰引进的16个食用加工型品种进行了适应性筛选,选出中晚熟适宜炸条的品种阿克瑞亚(Agria),在收获后常温贮藏条件下,还原糖的含量为0.10%,炸片的色泽指数为0.15。该品种表皮光滑,可直接生产利用,在北京连续3年产量试验,平均为24000kg/hm²。

表 11-1　中国种植的适于炸片、炸条的马铃薯品种(引自孙慧生,2003)

品种名称	淀粉含量(％)	还原糖含量(％)	肉色/皮色	薯形	熟期	育成单位、选育方法
Snowden(斯诺登)	16～18	0.18	白/浅黄	圆	中	美国,杂交
Atlantic(大西洋)	17.9	0.05	白/浅黄	圆	中	美国,杂交
Shepody(夏波蒂)	11	0.16	白/浅黄	椭圆	中晚	加拿大,杂交
Russet Burbank (麻皮布尔班克)	10.5	0.19	白/浅黄	长	晚	美国,杂交
春薯5号	14～16	0.2	白/白	扁圆	早	吉林省蔬菜花卉研究所,杂交
内薯3号	13	0.15	浅黄/浅黄	圆	中	内蒙古,杂交
尤金	14	0.02	黄/白	圆	早	辽宁本溪,杂交
合作88	18.6	0.29	黄/浅红	长圆	晚	云南师范大学等选育国际马铃薯中心,杂交
东农303	13～14	0.02	浅黄/黄	椭圆	早	东北农业大学,杂交
超白	13	0.3	白/白	圆	早	辽宁大连,杂交
中蔬2号	15	0.2	浅黄/浅黄	圆	早	中国农业科学院蔬菜花卉研究所,杂交
渭会2号	19	0.24	白/白	椭圆	晚	甘肃省农业科学院粮食作物研究所,杂交
鄂马铃薯3号	18	0.19	白/黄	扁椭圆	中晚	南方马铃薯研究中心,杂交

（二）利用 *S. phureja* 和 *S. andigena* 作亲本

有研究表明,占马铃薯资源 3/4 的二倍体中,有大量低还原糖的材料。研究发现,以二倍体栽培种 *S. phureja* 作亲本,可育成冷贮条件下不经回暖即可直接炸片的品种。甘肃农业大学育成加工型品种甘农薯 2 号,是通过普通栽培种花药培养诱导的双单倍体 83-12 经染色体加倍后产生的四倍体为母本,与有 2n 配子的 *S. phureja* 杂交,于 1990 年从产生的杂种后代中选育而成。该品种在 8～10℃ 下贮藏 2 个月,还原糖含量为 0.14％;在 4℃ 下贮藏 6 个月,还原糖含量为 0.36％。

（三）基因工程育种

目前,英国和美国的科学家们已经开始用反义 RNA 的抵制技术获得耐低温贮藏的材料。将控制块茎呼吸强度的酶和淀粉转化酶基因转入,都可以减少贮藏期间低温引起的糖化现象。

甘肃农业大学从农杆菌诱变体中选育出低还原糖的适宜炸片的新品种甘农薯 1 号,转化品种为美国的 Red Pontic,从农杆菌转化 Russet Burbank 的变异植株中选育出甘农薯 3

号,还原糖含量为 0.20%,适合炸片。

转基因工程育种最重要的优点是可以在现有的最优良的加工品种上进行只在还原糖含量上的改进,还可以对一些食味优良的只是还原糖含量高的品种进行改良,获得多功能的综合品种。

三、马铃薯块茎还原糖含量的测定

(一)还原糖含量的测定

低还原糖的品种选育实质是对块茎还原糖含量的筛选,特别是在贮藏期间对块茎还原糖的筛选更为重要。

1. 实验室铜试剂比色法

实验室方法很多,通常用的是铜试剂比色法。其原理是测定可溶性糖的含量,然后将还原糖和非还原糖分开。可溶性糖包括还原糖和非还原糖。还原糖主要是葡萄糖、果糖、麦芽糖、乳糖等;非还原糖主要是蔗糖。对于还原糖,可直接测定其还原性;对于非还原糖,可以用酸水解成还原糖后测定其还原性。

由于还原糖具有醛基和酮基,在碱性溶液中能还原铜试剂中的 Cu^{2+} 成 Cu^{+},氧化亚铜在砷钼酸试剂中重新被氧化,而钼被还原成钼蓝,砷酸盐可使蓝色加深。蓝色深浅与氧化亚铜量成正比,氧化亚铜量又与还原糖量成正比,故可用比色法来测定还原糖的含量。主要过程有铜试剂 A 液和 B 液的配制;砷钼酸试剂的配制;甲基红指示剂的配制;标准曲线的制作;还原糖测定液的制备:准确称取块茎烘干样品粉末 0.1g,放入大试管中,加入 25mL 蒸馏水,置沸水中加热 20min,冷却后加入沉淀剂;可溶性糖测定液的制备。测定时,在光电比色计上比色,读出光密度,查标准曲线求得相应的浓度。最后进行计算,分别求出还原糖、可溶性糖和非还原糖的含量。取样的代表性是室内测定准确性的关键,因此应当多次取样,重复测定。

2. 简便快速的测定方法

可用尿糖试纸对块茎鲜薯进行初步测定。例如对不同品种的样品进行比较;对于低温贮藏的同一窖内同一品种生产用薯,与高温回暖处理后的样品进行还原糖的含量的比较等。

对选育的品种、品系的还原糖,含量也可以用尿糖试纸进行初步筛选,此方法可以在田间收获时对比进行。马铃薯块茎还原糖,含量也可用 YSI 测定仪测定。

马铃薯还原糖含量的变化极其复杂,测定的方法、地点和年份都有影响。而且马铃薯炸片、炸条的颜色不仅取决于还原糖的含量,油的种类和质量、油炸温度和时间都有影响。所以,马铃薯油炸品质的主要鉴定筛选方法,以直接进行炸条、炸片对比试验为最准确。

(二)还原糖测定时间和炸片、炸条质量鉴评

1. 还原糖测定时间

杂交后代材料的还原糖含量,应在收获期、贮藏中期、后期及低温贮藏经回暖处理后分期测定,并以炸片品种(如大西洋)作对照。其具体方法是:测定杂交后代的还原糖时,应使块茎充分成熟后收获,于每个后代(或每个小区)随机取 3 组样品,共计 15 个块茎,经 15d 冷凉条件愈伤后,分别贮藏于 10℃、4.5℃、4.5℃下 2.5 个月,以 3 周 15～18℃的回暖处理,3个贮藏温度的处理时间皆为 3.5～4 个月。贮藏后,将每个后代的 5 个块茎纵切两块,分别

进行还原糖和炸片的测定。

2. 炸片质量鉴评

马铃薯炸片质量包括颜色、合格(无缺陷)百分率和风味等。可将上述 3 个贮藏温度处理的各 5 个一半的块茎,用小型电热自动油炸锅试炸和鉴评。

(1)主要步骤。洗净块茎,去掉薯皮;切片,厚度为 0.6～1.2mm;用冷水漂洗薯片表面淀粉,用吸水纸吸去水分;炸片,即将薯片放于金属网篮中,将网篮浸入 170℃ 油中,油炸直到没有气泡,时间为 1.5～3min,取出,沥去炸油。

(2)质量鉴评。首先将不合格的薯片去除,计算合格薯片百分率,然后与对照品种比较,评价薯片颜色,也可用测色仪或比色板直接读数,入选达到标准的材料。

3. 炸条质量鉴评

马铃薯炸条多在沸油中过油后装袋冷冻,为半成品,然后再通过油炸熟后食用。因此其质量要求不如炸片严格。鉴评时将块茎洗净、去皮,薯肉切成边长 6mm 见方的薯条,在温水或凉水中漂洗。油炸后,薯条直立不弯曲、色淡且均匀的为合格。

知识链接

还原糖的生物化学特性及遗传

1. 还原糖的生物化学特性

在选育炸片、炸条加工型品种时,还原糖是炸片、炸条食品加工中产生褐变的主要原因,还原糖含量是非常重要的化学指标。马铃薯是富含糖类的作物,糖类的最主要存在形式是淀粉多糖。马铃薯块茎是含有 20% 左右自由水和大量的以葡萄糖为主的有机物的生活体,块茎在生化活动激烈时,淀粉和糖类之间相互转化。部分淀粉转化为还原糖,从而影响炸片和炸条的加工品质。

单糖具有还原性,二糖中的乳糖和麦芽糖也具有还原性,而蔗糖是非还原糖。

(1)淀粉、可溶性糖、还原糖的转化

马铃薯的淀粉和可溶性糖之间在块茎形成、贮藏及萌动期间会发生相互转化。马铃薯的碳水化合物是光合作用的产物,光合产物在白天以淀粉的形式暂时贮藏在叶中,然后在夜间重新变成可溶性糖,再转运到块茎中重新合成淀粉。马铃薯块茎自形成的那一时刻开始,甚至在匍匐茎膨大之前,就有淀粉的积累,一直到块茎成熟,茎叶全部枯萎为止,块茎淀粉都在不断积累。淀粉的积累表现为前期缓慢,而块茎增长后期和进入淀粉积累期之后增长速率显著增快,其中以淀粉积累期间的增率最快。马铃薯块茎中的糖是以葡萄糖、蔗糖和果糖的形式进入块茎的,成熟块茎不含果糖。块茎内糖分含量的变化与淀粉相反,是随着块茎的成熟而下降的,以刚形成的幼小块茎的糖分最高,正常成熟块茎的糖分含量最低,此时淀粉和总糖量之比为(30～50):1。

(2)还原糖在炸片加工中的反应

块茎中的还原糖含量问题在加工业上非常被重视,因为还原糖与氨基酸相互作用发生反应而形成黑褐色产物,这种反应叫做 Mailard 反应(Mailard,1912)。块茎薯肉变黑的程度取决于还原糖的含量。当品种的块茎还原糖含量超过 0.5% 时,可导致薯肉变黑,这种品种不适于炸条、炸片。由于是羟基-氨基的变褐反应,因此也有人认为氨基酸的含量很重要,但是多数人认为油炸变褐程度与还原糖含量的相关性明显。油炸温度在 $165\sim170℃$ 时发生 Mailard 反应,除了还原糖含量高外,在有氨基酸的参与下才能迅速发生变褐反应。在油炸加工中,还有另一种颜色反应,称为灰色反应,即在高温加工过程中,薯肉的重要化学成分(鞣酸、羟苯肼、铁)产生一种灰色反应,通常被称为"加工变黑"反应。上述两种反应均影响炸条、炸片的颜色,但是以前者影响较大。

(3)还原糖含量与环境、品种的关系

块茎中还原糖的含量受品种及块茎生理状态的影响。生长期间,随着块茎的成熟,其含糖量降低,而淀粉含量增加,在块茎成熟时,还原糖含量降至最低。一般小块茎中还原糖的含量高于大块茎中还原糖的含量,皮层的还原糖最多。糖分和马铃薯栽培区的气候条件有一定的关系,来自北方的与来自南方的同一品种块茎,前者的糖分积累比较多。块茎中蔗糖对单糖总量的百分比是品种的特性,一般是比较稳定的。块茎脐部的还原糖含量大大高于顶部的还原糖含量,但块茎在迅速膨大阶段遇到高温干旱会停止生长,后期遇到雨水充足和适宜温度会发生次生生长,导致脐部淀粉水解成糖分供应次生生长部分的需要,使块茎脐部的还原糖含量迅速提高,有时高达 $8\%\sim9\%$。

马铃薯还原糖的含量是品种的特性之一,在同一条件下,马铃薯的还原糖含量是随品种而异的。一个品种收获时的还原糖含量范围基本上是固定的。还原糖含量还因不同年份、气候条件而有所不同。块茎中的还原糖含量虽与品种的遗传特性有关,但影响还原糖含量的还有块茎收获后的贮藏温度与回暖处理等。块茎在贮藏期间发芽,引起淀粉分解,导致还原糖含量增加。块茎因贮藏期过长而衰老,还原糖含量增加。马铃薯在贮藏期间会发生低温糖化现象,无论还原糖含量低的还是含量高的品种,在块茎置于 $6\sim7℃$ 低温条件下,含量都会显著提高 $1\sim7$ 倍。但是各品种上升的幅度是不一样的,适宜加工的品种上升幅度较小。在贮藏初期还原糖含量上升,到一定期间后达到了顶值,其后含量又开始下降。低温贮藏后经过回暖处理,还原糖的含量明显下降,降低幅度和回暖处理的温度、时间、低温时还原糖含量的基点有关,同样处理后,下降的幅度和下降的底点因品种而异。内蒙古自治区农业科学院小作物研究所对现有的适宜炸片的 13 个马铃薯品种进行了贮藏期间还原糖含量变化试验,从 1997 年 10 月末开始,到 1998 年 4 月末,每月进行一次还原糖的测定,结果是,各试验材料块茎的还原糖含量在收获后第一次测定(1997 年 10 月 27 日)为最低,其后逐渐增高,多数在 1998 年 2 月升至最高,以后逐渐回落,仅少数品种在贮藏后期降至适于炸片的上限以下。

2. 还原糖含量的遗传

马铃薯品种的还原糖含量特性,是以主基因控制为主和微效多基因控制的遗传性状。块茎中还原糖的含量与块茎中的淀粉含量、糖的含量有着相连带的关系。一些学者的研究表明:马铃薯块茎中的还原糖含量的遗传表现既受加性遗传效应控制,也受非加性遗传效应作用;马铃薯块茎还原糖含量与块茎干物质含量之间相关不显著。因此,通过常规方法就可以选育出低还原糖、高淀粉的品种。杂交后代群体的还原糖分布的平均数偏于低值的一边,表明选择还原糖含量低的组合和品种是有潜力的。亲子相关分析显示,F_1 块茎还原糖含量与亲本存在着极显著的正相关,F_1 与双亲平均值的相关系数为 0.488,F_1 与大值亲本和小值亲本的相关系数分别为 0.427 和 0.392,均达到了极显著水平。这说明双亲对后代均有

馬铃薯遗传育种技术

明显的影响,选配亲本时,应尽可能用还原糖含量低的材料。

　　研究人员利用两个低还原糖的无性系与两个炸片的品种杂交,其后代分布倾向于高还原糖的亲本,低还原糖的后代百分率较低,该结果说明,进行食用加工型品种选育时,其 F_1 实生苗必须有足够的数量,才能选到理想的品种。马铃薯品质性状的基因作用方式多以加性遗传效应为主,这是品质性状遗传稳定性的一个方面,但是,还受非加性遗传效应的影响,因而遗传具有不稳定性,且受到环境影响的波动较大。在块茎低温贮藏期间,干物质含量和淀粉含量均有不同程度减少,而还原糖则呈现积累的趋势。同一时间测定的块茎还原糖含量才能够反映出不同品种(品系)的差异,而生理成熟时块茎还原糖含量的测定值可作为该品种的正常值。研究表明,不同品种的低温糖化程度即还原糖的升值是不同的,国内外的研究者们已经选育出耐低温糖化的品种,还原糖含量低而且具有耐低温糖化的品种才是最理想的炸片、炸条加工的原料,这样的品种可以较长期的低温贮藏,以延长加工时间。有研究认为,品种的还原糖含量和经低温贮藏后对回暖的反应,分别受不同的遗传机制控制。选择回暖处理后还原糖含量在 0.3% 以下的特性也是有意义的。

思考与练习

1. 列举一些可用作马铃薯加工的品种或种质资源。

2. 如何进行马铃薯块茎还原糖测定与炸片质量鉴评?

3. 试述马铃薯高淀粉育种的基本方法。

4. 马铃薯炸片、炸条品种的育种目标是怎样的?

项目十二 马铃薯生物工程育种

了解马铃薯生物工程育种的基本技术,如花药培养、无性系变异、原生质体诱导、体细胞杂交、转基因技术等。

掌握马铃薯外植体的培养技术。

在人类栽培的作物中,马铃薯的品种改良是比较困难的,其主要原因是四倍体复杂的遗传性和杂合性、感染病毒引起的退化等。可利用品种间杂交常规技术进行马铃薯品种改良,但进程缓慢,选择效率低,新品种更替的周期较长。为了改变马铃薯品种改良的现状,育种家们结合生物技术提出了许多新的育种方法,如花药培养、无性系变异、原生质体诱导、体细胞杂交、转基因技术等。有些方法已经形成了成熟的技术体系,开始在马铃薯育种中应用。

任务一 体细胞无性系变异

在众多遗传改良的新技术中,体细胞无性系变异已被认为是改良植物性状的一种潜在的技术手段。近年来发展起来的植物细胞和分子技术,如体细胞变异、花药培养、体细胞杂交、转基因工程等,已经被大量应用于马铃薯品种改良中,从而为马铃薯育种提供了一种快速获得遗传变异的新途径。经过组织培养过程获得的再生植株中也常常可以观察到表现型发生变异的个体。

马铃薯栽培种在长期的进化过程中,为保证植株最大的生活力,现有的无性系均是遗传上高度杂合的。因此,通过常规杂交改良其抗病性或其他特殊性状而不丢失其重要的农艺性状是十分困难的。马铃薯是利用体细胞变异的理想作物,因为它可利用各种组织培养技术,其常规的繁殖和群体的建立也是通过块茎无性系进行的。

一、体细胞变异在马铃薯育种中的意义

体细胞变异可从单个 DNA 碱基对的突变到多基因控制的遗传性状的各种水平上存在。这种变异也包括遗传变异、非遗传变异和不稳定的遗传变化。体细胞变异的优势为:变异频率较高,能出现特异性变异个体和可利用的农艺性状,最终获得新的品种。如研究人员利用感青枯病的马铃薯品种为试材,在其叶盘愈伤组织再生苗中接种青枯病进行初筛选,经温室抗性鉴定、人工病圃和田间自然病圃鉴定,获得 R-43、R-47 两株抗青枯病能力显著高

于母本 Mira 品种的植株,经过氧化物酶、同工酶分析表明,抗性变异株的酶活性都高于母本,其图谱比母本多了两条带,证明变异株在遗传上确与母本有差异。叶盘愈伤组织再生苗除发生抗病性变异外,获得的 R-83 株系表现中早熟,显著早于 Mira 品种。曾有人报道了体细胞变异改善马铃薯品种性状缺陷的长期计划,特别是对马铃薯晚疫病的抗性。他们通过筛选正常表现型和生活力的不定芽再生植株,然后进行无性繁殖消除嵌合体,随后进行多年的田间试验,筛选对晚疫病的抗性。入选的品系还要经过筛选,以保持亲本品种所具有的重要经济性状。他们长期的田间研究表明,体细胞变异的稳定性是可能的。

至今,还没有报道生产上利用体细胞变异育成的马铃薯品种。但是,在其他作物上,如番茄、芹菜等,利用体细胞变异已经育成了品种。

二、影响体细胞变异的因素

1. 外植体来源及其遗传组成

(1)不同类型外植体,如叶片、块茎,以及由组织培养条件或悬浮细胞培养获得的再生植株的叶片提取的原生质体等诱导成的再生植株,均表现出不同程度的基因变异和形态变异。由原生质体诱导的再生植株表现出程度较高的染色体数目变异,原生质体更倾向于染色体的不稳定性,这是因为原生质体在细胞分裂和脱分化的初期经历了较长时间的胁迫。

(2)植株的倍性和遗传组成对再生植株的形态和染色体变异类型的影响。单倍体和双单倍体马铃薯材料诱导的再生植株中常常出现染色体多倍性的变异,但很少有非整倍体或混倍体出现。而由四倍体马铃薯材料诱导的再生植株则往往出现非整倍体和混倍体。

2. 培养基成分

(1)植物生长激素,特别是植物生长素和细胞分裂素,是诱导细胞分裂的必备条件。植物生长素和细胞分裂素的浓度,能影响马铃薯原生质体培养或愈伤组织培养再生植株的倍性和表型变化。例如长期处于高浓度外源植物生长素的条件下,在马铃薯原生质体培养中,能导致表型变异的产生。

(2)培养基中高浓度盐类的影响。如氯化钙($CaCl_2$)和 EDTA 能增加细胞培养过程中的染色体异常率。高浓度的糖(10g/L 或 20~30g/L)能够导致单倍体叶片诱导的愈伤组织细胞出现多倍化现象,但对双单倍体和四倍体材料则无该现象发生。

三、马铃薯外植体的组织培养

(一)外植体无性系的诱导

1. 诱导的一般方法

在进行马铃薯再生植株诱导时,选择适宜的外植体是提高诱导率的前提。多数研究结果表明,采用马铃薯的叶片、叶片轴、植株的地上茎和块茎作为再生苗诱导的外植体源,容易获得成功。

无论采用何种外植体,其诱导的基本方法是一致的。通常的诱导过程为:选择适宜的外植体→诱导愈伤组织→诱导再生苗→变异个体选择→变异的遗传检验→田间选择。

有时也采用外植体不经过愈伤组织阶段,直接诱导再生植株的方式来获得变异的体细胞无性系。即灭菌的外植体在适宜培养基上培养,诱导叶原基的产生;通过培养基成分的调整,刺激叶原基进一步发育,进而形成完整植株。研究人员报道了利用这种方法可以获得有

益突变体,且突变的无性系在不同的无性世代和不同的种植环境均表现稳定。利用外植体诱导再生植株时应注意以下几个主要环节:

(1)选择适宜的外植体。较多的是利用马铃薯叶片、叶片轴、茎和块茎,在实践中均获得了较好的效果。

(2)选择适宜的培养基。培养基在外植体诱导中主要有两个作用:一是获得较高比例的再生苗;二是获得变异频率较高的再生植株群体。以前的研究结果多是侧重培养基成分的选择,因此,已经有了多种培养基的配方。这些配方均是以 MS 培养基为基础,只是在有机添加物和植物激素的种类与浓度上进行调整。

2. 马铃薯外植体再生植株诱导

(1)通过愈伤组织诱导再生植株

①基础材料准备。将块茎埋于潮湿、灭菌的沙中。当块茎萌芽长 7~9cm 时,将芽切下,栽于以蛭石为基质的营养钵中,及时用基本培养基盐类溶液浇灌,置于 18℃、相对湿度 80%、12h 光周期、光强 90μE/(m² · s)的条件下培养,获得发育一致的基础材料。取充分展叶的培养苗作为叶片组织、叶柄轴组织和地上茎的诱导材料,并以该培养苗获得的休眠块茎为块茎诱导材料。

②消毒。从基础材料获得的叶片、叶柄轴、茎和块茎等外植体,用 1.5%~5.0%的次氯酸钠溶液进行表面消毒。其中叶片、叶柄轴和茎的处理时间为 10~20min,块茎(切成薄片)的处理时间为 20~60min。

③培养。根据材料的不同,叶片可切成 5~10mm 见方的小块;叶柄轴和茎则应切成 2~5mm 的小段;块茎可在薄片中央切成矩形或直径为 2mm 的圆片,在无菌条件下进行培养。培养容器可采用 60mL 的三角瓶,每瓶放置 2 个组织小块;也可用培养皿,每个培养皿中放 4 个组织小块。

④培养基。基本培养基(BM)是由 MS 培养基的盐类、维生素和有机物,以及指定蔗糖、琼脂和生长调节剂构成的。

(2)外植体培养直接诱导再生植株

①外植体。可以是块茎薄片(直径 6mm,厚 2mm)或是叶片(切成直径为 1.0cm 的圆片)。无论是块茎还是叶片,均应取自控制环境条件下的植株。

②叶片外植体再生植株的诱导。从温室培养 4~20 周龄的植株上,将新生且完全展开的叶片取下,浸入含有湿润剂(Tween80)的 10%次氯酸钠溶液中进行表面消毒 20min,再用去离子水冲洗 3 次。外植体(直径为 1.0cm 的叶圆片)放在直径为 9cm 的消毒培养皿中进行培养,培养皿中装有 20cm³ 的半固体培养基。叶圆片的离轴面与培养基接触。每个培养皿放入 5 个外植体,用石蜡膜密封培养皿。在 16h 光周期、(26±2)℃条件下进行培养。

培养基:基础培养基是在 MS 基础上补充 3%(W/V)蔗糖和 0.7% 3 号 Oxoid 胶。激素,如 BAP、NAA、IAA 和 GA₃ 的添加浓度一般为 2~5μmol,可根据不同的品种和不同的目的进行适当的调整。在高压灭菌前将培养基的 pH 值调到 5.6。植物激素,如 GA₃ 和 IAA 等均应过滤、消毒后加入高压灭菌后的培养基中。

培养:根据试验目的,可选择不同的温度、光照和相对湿度等条件。一般情况下,采用 16h 光照,光照度为 2000lx,对相对湿度的要求不十分严格。

(3)以块茎为外植体的诱导

①一般采用三步培养的方式。其各阶段所用的培养基如下。

第一培养基：在 MS 培养基成分的基础上添加肌醇 100mg/L、叶酸 0.5mg/L、生物素 0.05mg/L、硫胺素 0.5mg/L、甘氨酸 2.0mg/L、吡哆醇 0.5mg/L、烟酸 0.5mg/L、6-苄基嘌呤（BAP）3.0mg/L、萘乙酸（NAA）0.03mg/L、酪蛋白水解物 1.0mg/L、蔗糖 25g/L、琼脂 9g/L。培养基的 pH 值为 5.6±0.1。

第二培养基：与第一培养基相同，只是用赤霉素（GA_3）0.3mg/L 取代了 BAP 和 NAA。

第三培养基：1/4 的 MS 盐类，加入肌醇 100mg/L、硫胺素 0.5mg/L、甘氨酸 2.0mg/L、吡哆醇 0.5mg/L、烟酸 0.5mg/L、蔗糖 30g/L、琼脂 8g/L。pH 值为 5.7±0.1。

②培养过程。块茎组织切成直径 6mm、厚 2mm 的小圆片，放在第一培养基中进行培养，约 6 周后，块茎组织周围形成了许多叶原基。这时可以将培养物转移到第二培养基中，进行再生苗的诱导。2～3 周后，将再生苗移植到第三培养基中进行培养，可以生出具有成活能力的健康根系。

（二）外植体无性系的变异

通过外植体诱导产生的再生植株群体中可能有一定数量的变异体。为了科学、准确地区分真正的变异或环境影响的差异，用严格的田间试验鉴定。通常采用的试验设计方法有以下几种：

（1）多年多点田间试验。对获得的再生植株，均进行单株繁殖，形成单株系。每个单个株系分成 3～5 份，分别在不同生态条件的地区进行试验，观察其在不同环境条件下的反应。各试验点均应设置 3～4 次重复。

（2）环境控制试验。对获得的再生植株，在严格控制湿度、温度和光照的条件下，进行种植试验。详细观察、记载每个单株的性状表现，然后按性状的表现进行选择，并在世代、地点和年份相同的条件下进行重复种植试验，鉴定其变异的遗传稳定性。这种试验适合再生植株群体较小的情况。

（三）选择方法

诱导再生植株的目的是要得到性状改良的植株，或作为育种亲本，或作为新品种选育的基础材料。但是，在选择再生苗的当代，必须严格淘汰畸形和生活力弱的个体，对留下来的再生苗，经过扩繁后，再在田间选择。

四、原生质体培养

通过马铃薯原生质体诱导是获得无性变异的又一有效途径。马铃薯原生质体培养必须具备相应的条件，其中比较重要的有以下几个方面。

（一）供体植株

为了取得可靠的结果，大都在严格控制的环境和营养条件下栽植供体植株。研究表明，在标准湿度、营养条件、温度和光照条件下的人工气候室栽培的植株可作为较好的供体植株。这些严格的条件是保证原生质体分离和培养成功所必需的。还有的研究者利用芽培养物或离体培养生长的植株作为原生质体分离的供体。

（二）马铃薯原生质体培养

1. 培养基成分

用于原生质体培养的培养基，用得最多的是对植物细胞的培养基 B_5 和 MS 的改良。改良的内容主要集中在以下几个方面：

（1）无机盐类的改变。标准植物细胞培养基中的铁、锌和铵盐的浓度对原生质体培养来说是较高的，所以在马铃薯原生质体培养基中均不含铵盐。另外，原生质体培养基中应增加钙的含量，其浓度要比植物细胞培养基高 2～4 倍。

（2）碳源和渗透剂的选择。原生质体培养基多采用葡萄糖和蔗糖混合液作为碳源。另外，核糖的加入对原生质体的培养也是有益的。为了维持细胞的代谢，原生质体培养基中还要加入渗透剂成分，如甘露糖醇、山梨醇、木糖醇和肌醇等。

2. 培养密度

原生质体培养密度为 5000～100000 个细胞/mL。在大多数马铃薯原生质体培养中，一般的浓度为 10000 个细胞/mL。

3. 培养方法

通用的原生质体培养方法如下：

（1）小液滴培养方法。在培养基悬浮原生质体中吸取 0.1～0.2mL 小滴放入 60mm×15mm 塑料培养皿中。每个平板培养 5～7 滴，将平板用石蜡膜封闭后进行培养，用倒置显微镜进行观察。新鲜培养基易直接加入正在发育的悬浮体中，每 5～7d 加一次。

（2）琼脂培养法。将原生质体同等体积的处在 45℃ 的琼脂培养基混合，然后将少量原生质体琼脂混合物制成平板。使用这个方法，原生质体处在固定位置，避免原生质体堆积，可以追踪观察分散的原生质体。

4. 原生质体活力试验

原生质体活力试验是一个重要手段，只有保持了原生质体的活性，才能达到持续有丝分裂、再生愈伤组织，直至形成再生植株的目的。

检测原生质体活力最常用的染色方法有酚藏花红和荧光增白剂染色。当在细胞膜中积累荧光素二乙酸（FDA）时，在 5min 内，活的完整原生质体发出黄绿色荧光。将溶解在 5.0mg/L 丙酮中的 FDA 加到原生质体培养物中，使最终浓度为 0.01%。原生质体破裂散出的叶绿素发出红色荧光。因此，原生质体制剂中的活原生质体百分率容易统计。用 FDA 处理的原生质体必须在染色后 5～15min 进行检测，因为 15min 后，FDA 就会从膜中游离出来。

5. 细胞壁形成和持续分离

细胞壁再生是核和细胞分裂的先决条件。细胞壁再生的速率和调节取决于植物种类和用于原生质体游离的受体细胞的分化状况。控制细胞壁合成，除了遗传因子之外，培养基成分对细胞壁再生也有重要作用。例如，蔗糖浓度超过 0.3mol/L 和山梨醇浓度超过 0.5mol/L 时，抑制细胞壁的形成。某些植物，细胞壁的再生合成要求一定的生长调节剂。

6. 植株再生

原生质体再生主要在茄科植物上取得了成功。马铃薯原生质体培养获得再生的成功例子较多。从愈伤组织、细胞悬浮体、叶、茎尖和花瓣游离的原生质体中都能再生成植株。

7. 马铃薯原生质体培养技术

这种方法是将获得的茎尖分生组织采用改良的 MS 培养基进行培养。改良的 MS 培养基，就是在 MS 培养基中增加吲哚乙酸 $2.9\mu mol/L$、玉米素 $2.3\mu mol/L$、赤霉素 $0.52\mu mol/L$。繁殖培养基（Prop）为添加了 2 倍水平的 $CaCl_2$ 和 KH_2PO_4、$2.7\mu mol/L$ 氯化硫胺素、

0.5μmol/L 氯化吡哆素、0.81μmol/L 烟酸和 5.3μmol/L 甘氨酸的 MS 培养基。Prop 培养基的琼脂浓度为 0.7%（W/V）。

叶子漂浮培养基也是 MS 培养基，但其成分中加入了 1mmol/L $CaCl_2$、1mmol/L NH_4NO_3、10.7μmol/L IAA 和 4.4μmol/L 吡哆素。上述培养基均用 1mol/L NaOH 或 KOH 调整 pH 值为 5.8±0.2。

任务二　体细胞杂交

在生产中，马铃薯主要以无性繁殖方式进行繁殖。正是这种无性繁殖方式，使生产利用的品种和资源中表现优良的无性系保留了高度杂合的遗传背景。栽培马铃薯品种的遗传背景狭窄，但马铃薯原始栽培种和野生资源却很丰富。但这些资源大多数不能与栽培种进行有性杂交，限制了丰富资源的利用。原生质体培养技术及体细胞杂交技术的发展，为解决马铃薯育种中的难点问题、挖掘开发宝贵的野生资源提供了可能。通过体细胞杂交，从马铃薯野生种中获得对马铃薯卷叶病毒（PLRV）抗性和对马铃薯晚疫病抗性的研究已有报道。借助体细胞杂交技术，可以有效地增加马铃薯的基因库，为育种提供更丰富、有效的遗传变异。为了解决马铃薯四倍体遗传操作的复杂性，人们开始通过花药培养、孤雌生殖技术获得马铃薯的单倍体和双单倍体，使育种的遗传操作在较低的倍性水平上进行，可大大提高育种效率。在二倍体水平上进行性状改良，再通过体细胞融合技术合成四倍体无性系，可以不通过减数分裂而获得具备育种目标所要求的四倍体无性系。总之，无论是解决马铃薯品种的抗病性还是改良农艺性状，体细胞杂交技术均是一个十分有效的育种新途径。

一、原生质体融合

体细胞杂交是通过植物细胞原生质体融合实现的，将来自不同遗传背景的亲本细胞去掉细胞壁后，借助化学或物理方法获得具有异质核结合的新杂种细胞。四倍体栽培马铃薯的遗传基础是十分复杂的，特别是表现优良的无性系更是体现了高度异质结合的杂种优势。如果采用一般的有性杂交方式，进行农艺性状的分离重组是很难获得理想的性状组合的。如果将四倍体马铃薯栽培种的倍性降为双单倍体，然后再通过体细胞杂交方式恢复为四倍体，则可有效地控制其分离，保持其高度的异质性。

（1）融合方法。可以通过多聚阳离子聚乙二醇（PEG）的化学方法诱导，或是采用电融合的物理方法。许多实验室一般采用电融合方法，因为电融合方法对细胞的损害很小。

（2）体细胞杂种鉴定。亲本和杂种无性系进行同工酶分析是获得准确结果的重要依据。在同工酶无法检测的情况下，直接利用 DNA 诊断可立即检测出是否是杂种。这种方法还可用于未分化的愈伤组织。1985 年，聚合酶链式反应（PCR）技术的出现，为 DNA 探针技术的应用提供了技术支持。

二、细胞质杂交

细胞质杂交是将具有不同的质体和线粒体的两个体细胞的细胞器融合到另一个细胞的原生质膜中，形成含 1～2 个功能核的异质细胞，即胞质杂种细胞。

1. 原生质体

（1）选择供体和受体，二者的核和细胞质完全不同，所需细胞器性质应在供体中。

（2）由细胞悬浮体或叶肉制备原生质体。供体和受体原生质体来自不同组织时，能观察到异源融合和估计其百分比。

（3）X 射线照射供体原生质体。不同原生质体可能需要不同剂量以阻止核分裂。

2. 融合

（1）供体和受体原生质体按 1∶1 混合，最终密度各约为 5×10^5 个/mL。

（2）在直径为 6cm 的培养皿中加入 0.25mL 的原生质体，悬浮体于每个培养皿的中心。

（3）以小滴形式加 0.5mL PEG 溶液于每个叶绿体悬浮滴的外缘，静置 15min。

（4）以小滴形式加 0.5mL CPW 溶液于每个叶绿体悬浮滴的外缘，静置 10min。

（5）用巴斯德吸移管小心从小滴上去掉溶液（而不是原生质体），并按上述方法另加 0.5mL CPW 溶液，静置 10min，并重复这个步骤 2 次。

（6）加 1～3mL 液体培养基于每个培养皿中，用倒置显微镜观察，确定特定原生质系的原生质体密度，使用合适的特定原生质体培养基。

（7）用石蜡膜密封培养皿培养（通常为 25～28℃）。1～2d 的暗或弱光培养，随后暴露于 50～200lx 的光下。

3. 生长和筛选

（1）2～3d 后加入琼脂培养基，使琼脂的最终浓度为 0.8%。在加入琼脂培养基前观察到有效原生质体密度低于最适密度，将融合的原生质体转移到饲喂层上。

（2）除去未融合的和自融合的受体原生质体，可在溶液培养初期进行（如以甘露醇为渗压剂），也可以推迟到培养后期（如将有效愈伤组织移入含链霉素介质中除去对链霉素敏感的细胞）。

4. 植株再生

参照原生质体培养方面的内容。

5. 溶液制备

（1）PEG 溶液。制备含 50% 聚乙二醇的 1500 倍溶液，其中含有 10mmol/L $CaCl_2$ 和 0.1mol/L 葡萄糖。

（2）CPW 溶液。其中含有 0.55mol/L 甘露醇、0.19mmol/L KH_2PO_4、0.01mol/L $CaCl_2$、0.98mmol/L $MgSO_4 \cdot 7H_2O$、0.98mmol/L KNO_3、0.99mmol/L KI 和 0.16mmol/L $CuSO_4$，溶于1000mL水中。

任务三　基因工程育种

一、目的基因的制备与克隆

获得目的基因的方法主要有化学合成法、目的基因直接分离法和逆转录法。目前研究中主要利用后两种方法，就是通过构建基因组 DNA 文库和 cDNA（利用纯化的总 mRNA 在逆转录酶的作用下合成互补 DNA，即 cDNA）文库获得目的基因。PRC 技术的发展为构建和筛选 cDNA 文库提供了强有力的技术支持，同时还可利用 PCR 扩增反应对少量已获得的目的基因进行大量的拷贝，大大方便了目的基因的制备。

二、重组体的构建及向宿主细胞的导入

（一）载体 DNA 的提纯及纯化

高纯度的外源 DNA 片断和载体 DNA 分子是重组 DNA 技术的基础。从宿主细胞中分离纯化质粒 DNA，通常经过宿主细胞培养与收获、细胞裂解、质粒 DNA 的分离和纯化等几个阶段。

（二）外源 DNA 片段与载体分子的连接——重组体的构建

重组 DNA 分子的构建是通过 DNA 连接酶的催化作用来完成的。这种酶催化 DNA 上切口两侧核苷酸裸露的 $3'$ 羟基和 $5'$ 磷酸之间形成共价结合的磷酸二酯键，使原来断开的 DNA 切口重新连接起来。

（三）重组体向受体细胞的导入

带有外源 DNA 片段的重组体分子，需要及时导入适当的寄主细胞进行繁殖，这一过程称为基因扩增。将外源重组分子导入受体细胞的一般途径是：

1. 转化

转化是指宿主细胞直接吸收外源 DNA 分子（如质粒载体或重组子等），并获得某些新遗传性状的过程。

外源 DNA 能否进入细菌细胞，与细菌本身所处的状态有关。能吸收游离 DNA 片段的细菌处于一种最容易接受外源 DNA 片段的状态，即感受态。具有高度转化能力的细菌包括肺炎双球菌、流感嗜血杆菌、枯草杆菌等，感受态是它们生长周期中暂时性的生理状态。

2. 转导和转染

重组 λ 噬菌体 DNA 或重组的黏粒载体 DNA 分子，可以直接转化受体细胞，即转染。但转染效率通常很低，如果在体外将重组 DNA 分子包装转变成完整的噬菌体颗粒，利用噬菌体的自然机理将外源 DNA 分子注入宿主细胞，那么，每微克重组 DNA 约可产生 10^6 的噬菌斑，足以满足构建真核生物基因组文库的要求。

3. 对宿主菌的要求

重组体一旦构建完毕，需及时导入适当的宿主细胞进行扩增，否则难以发挥 DNA 重组技术的作用。作为宿主细菌，应当是限制系统缺陷型（hsdR⁻），这样的菌株可修饰限制酶识别位点，但缺少限制活性（rK⁻ mK⁻），不能降解外来的 DNA 片段。也可以采用限制-修饰系统缺陷型（hsdS⁻）菌株，以防止进入的外源 DNA 被降解，提高转化或转导效率。大肠杆菌可编码催化同源 DNA 序列重组的若干代谢途径，由于许多真核基因组 DNA 携带的序列是同源重组的理想底物，克隆于 λ 噬菌体载体的真核 DNA 在增殖过程中可能发生重排，这种重排发生的概率虽然很低，但能导致克隆基因的缺失和分析上的困难。自 1991 年以来，中国科学院微生物研究所、北京大学、内蒙古大学的有关实验室相继进行了马铃薯的病毒外壳蛋白基因（CP）、复制酶基因等的序列分析，先后完成了马铃薯 X 病毒、Y 病毒和卷叶病毒的外壳蛋白基因克隆和序列分析、马铃薯 Y 病毒复制酶基因（NIB）克隆和序列分析、马铃薯卷叶病毒复制酶基因（ORF$_{2b}$）的克隆和序列分析，为培育抗病毒转基因马铃薯提供了目的基因。

三、转化受体系统的建立

（一）以农杆菌介导的植物转化

1. 创伤植物感染法或整株植物感染法

此方法是早期多用野生型根瘤农杆菌作为研究试验材料，分析肿瘤诱发机制或摸索感染的试验条件而采用的方法。常采用对数生长期的细菌感染植物的创伤部位，然后经过无菌培养其肿瘤组织，测定其转化频率。

2. 用根瘤农杆菌与原生质体共培养法

该方法就是将根瘤农杆菌与再生出新细胞壁的原生质体作短暂的共培养，诱使植物细胞发生转化。该方法的转化是在单细胞或二细胞水平上发生的，会产生一批遗传上同一的转基因植物群体。

3. 叶圆片与农杆菌共培养法

该方法是由 Monsanto 公司的 Horsch 等人于 1984—1985 年建立的。其步骤是用打孔器或用解剖刀取得叶圆片，在过夜培养的农杆菌菌液中浸泡数秒至数小时，然后移出，置于培养基中培养 2d，再转入含抗菌素的培养基中培养分化产生小植株。

马铃薯 PLRV-CP 的转化：

（1）获得马铃薯无菌苗。在 MS＋3％蔗糖（不加任何激素）液体培养基中接入无菌培养的茎段。约 2 周后每段各长成带有 3 片叶（3 个节间）生根的小苗。

（2）菌种的制备。菌种共有 3 种，即农杆菌 PAL4404/LBA4404、$E.\ coli$ pROK Ⅱ/JM109 和 pRK2013/HB101。菌株可长期保存在含有 15％甘油的 LB 或 YEB 固体培养基中，在 －70℃ 的冰箱中可长期保存。使用时用灭菌的接种环刮取培养的细菌，接入固体平板或液体中培养，温度为 28℃（农杆菌）或 37℃（细菌）。

（3）转化。转化前将液培的细菌计数，用分光光度计于 660nm 下测定细菌的 OD（Optical Density）值。当 $OD＝1$ 时，细菌数为 $1.8×10^9$/mL；当 $OD＝0.5$ 时，细菌数约为 $0.9×10^9$/mL，可用于转化。

（4）转化方法。取培养 2d 的农杆菌，6000r/min 离心 10min，用 MS 液洗 2 次并悬浮于 5mL MS 中。取叶片，在叶脉中部切口 2～3 个，并将 10～20 个叶圆片光面朝下悬浮于 MS 液体中，10mL 培养基＋50μL 农杆菌悬浮液在暗处培养 2d（叶片不能下沉，应漂浮于表面）后取出叶片，在灭菌滤纸上吸干，除去过量的菌液，并接于含 Km 及 Cef 的 MSG Ⅰ 培养基上培养 8d，然后转入含 Km 及 Cef 的 MSG Ⅱ 培养基长芽。

（二）其他方法介导的植物转化

在实践中，最适合马铃薯的是农杆菌介导法，绝大多数转基因马铃薯的试验均采用这种方法。但是，还有一些其他的转基因技术的应用也取得了较好的效果。

1. 花粉管通道法

花粉管通道法的主要原理是授粉后使外源 DNA 能沿着花粉管深入，经过珠心通道进入胚囊，转化尚不具备正常细胞壁的卵、合子或早期胚胎细胞。

2. 生殖细胞浸泡法

浸泡法是将供试外植体，如种子、胚、胚珠、子房、花粉粒悬浮细胞培养物等直接浸泡在外源 DNA 溶液中，利用渗透作用把外源基因导入受体细胞并稳定地整合、表达与遗传。

3. 胚囊、子房注射法介导基因转化

胚囊、子房注射法是指用显微镜注射仪将外源 DNA 溶液注入子房或胚囊中,由于子房或胚囊中产生高的压力及卵细胞的吸收使外源 DNA 进入受精卵细胞中,从而获得转基因植物。许多科学家认为胚囊、子房注射法介导基因转化是一种简便可行的途径,特别对于子房大、胚珠多的作物更为适宜。

4. 化学诱导 DNA 直接转化

化学诱导 DNA 直接转化是以原生质体为受体,借助于特定的化学物诱导 DNA 直接导入植物细胞的方法。目前主要有两种方法:PEG(聚乙二醇)介导的基因转化和脂体(Liposome)介导的基因转化。PEG 法的主要原理是化合物聚乙二醇、多聚-L-鸟氨酸、磷酸钙及高 pH 值条件下诱导原生质体摄取外源 DNA 分子。

5. 物理诱导 DNA 直接转化

物理转化法是基于许多物理因素对细胞膜的影响,或通过机械损伤直接将外源 DNA 导入细胞。它不仅能够以原生质体为受体,还可以直接以植物细胞乃至组织、器官作为靶受体,因此比化学法更具有广泛性和实用性。常用的物理方法有电激法、超声波法、激光法、微针注射法、基因枪轰击法等。

四、转基因植株的选择

随着转基因技术的发展,对转基因植株的检测方法也不断完善。对细菌转化的受体细胞筛选阳性重组体时,第一步是进行药物(或显性)平板初筛;第二步是电泳复筛,能得到与插入片段同样大小的重组体片段,但仍然不能十分肯定就是所要求的阳性重组体;第三步是采用核酸分子杂交(Dot Blot 或 Southern Blot)鉴别,才能选出真正的阳性重组体。对植物中重组体及重组 DNA 的整合、复制和表达,也基本上采用这些方法。无论采用什么方法,最终的结果还要通过田间试验,明确转基因植株的实际应用效果。

 思考与练习

1. 马铃薯外植体诱导与培养方法是怎样的?
2. 简述基因工程育种的内容和步骤。
3. 简述体细胞杂交的方法。

实　　训

实训一　分离现象的观察

一、目的

通过玉米杂交后代的粒色显性和隐性性状的观察、统计,验证分离规律并加以巩固。

二、材料和用具

1. 材料

玉米白粒自交系与黄粒自交系的杂种一代(F_1)、杂种二代(F_2)果穗。也可用其他植物具有一对相对性状的差异的两个亲本杂交的杂种一代、杂种二代代替玉米,如有芒小麦与无芒小麦、红果番茄与黄果番茄等。

2. 用具

记录用品、种子袋、计数板、计算器等。

三、方法与步骤

先观察 F_1 和 F_2 果穗在粒色上的不同之处,再仔细统计每一个 F_2 果穗上黄色和白色籽粒的数目,将统计结果填入下表,计算显隐性比例。

F_2 玉米果穗粒色统计表

果穗号	显性粒数	隐性粒数	显隐性比例
1			
2			
…			
合计			

四、结果与分析

1. F_1 与 F_2 各有多少种粒色?为什么会出现这种现象?

2. 通过计算统计,各种果穗粒色显性与隐性的比例是否都符合 3∶1 的比例?

实训二　植物花粉母细胞减数分裂的制片与观察

一、目的

学习花粉母细胞减数分裂的观察和涂抹制片技术,观察植物减数分裂各个时期染色体的变化特征。

二、材料和用具

1. 材料

玉米的雄穗,或普通小麦的幼穗。

2. 药剂

45％醋酸、醋酸洋红、80％酒精、95％酒精、正丁醇等。

3. 用具

显微镜、载玻片、盖玻片、镊子、解剖针、培养皿、酒精灯、吸水纸等。

三、方法与步骤

1. 制片

(1)取材

①玉米雄穗。在玉米孕穗初期,即雄穗露尖前7～10d,植株中部略显膨软,先用手从喇叭口往下捏叶鞘,在感觉松软的部位用刀片划开。取出4～6cm长的幼穗,固定在固定液中12～24h,用95％酒精洗净乙酸气味后,保存在70％酒精中备用。

②小麦幼穗。选取旗叶与倒二叶叶耳间距1.5cm左右的植株,取出幼穗,花药长1.5～2mm,呈黄绿色,取材时间以10:00—13:00为宜。固定保存方法同玉米雄穗。

(2)制片染色

取出固定好的幼穗,拨开花蕾,放在载玻片上。在花药上滴一滴醋酸洋红,并用解剖针横断花药,轻轻挤压,使花粉母细胞散出,用镊子仔细将所有的花药壁残渣清除干净以后,加盖玻片,在低倍镜下观察。若材料可用,则将载玻片移至酒精灯上微微加热,注意切勿使染液沸腾,不可烧干。把片子放在吸水纸下,用拇指用力下压,使材料分开,并把周围的染色液吸干。若染色浅,在盖玻片上稍加染色液,微烘后再压。若染色太深,可用冰醋酸褪色。

2. 镜检观察

先在低倍镜下寻找花粉母细胞,一般花粉母细胞较大,圆形或扁圆形,细胞核大,着色较深。观察到有一定分裂相的花粉母细胞后,再用高倍镜观察减数分裂各时期染色体的行为和特征。

3. 永久性封存片

如果制成的片子染色良好,分裂典型,可将片子浸入1:1的95％酒精冰醋酸溶液中,并加几滴正丁醇。轻轻揭开盖片,浸泡5～6min。转入95％乙醇与正丁醇1:1的溶液中1～2min。再转入纯正丁醇溶液1～2min。用滤纸吸去多余溶液,打开盖玻片,加1～2滴树胶封片,赶出气泡后,写上分裂时期,保存在较低温度下。

实训三　马铃薯有性杂交技术

一、目的

了解马铃薯的花器构造和开花习性,掌握马铃薯的杂交技术。

二、材料和用具

1. 材料

马铃薯两个亲本品种的植株。

2. 用具

镊子、授粉笔、1.5～2.0cm 长的麦秆、贮粉瓶、标牌、铅笔、曲别针或大头针、干燥器、小纱布袋等。

三、说明

1. 花器构造

马铃薯为分枝型的聚伞花序,有些品种花梗的分枝缩短,形成简单的伞形花序。每个花序生有十几朵花。细长花柄的中部有一个环状突起,这里能形成离层,使花果自行脱落。花萼联合,先端五裂。花冠下部联合成筒状,上部展开呈五角形。五枚雄蕊,花丝粗短,着生在花瓣基部,花药长而直立联合成筒状包围着雌蕊。雌蕊一枚,柱头头状或棒状,子房两室,含有多个胚珠。

2. 开花习性

马铃薯为有限花序,每朵花开花后昼开夜闭,能持续 5～6d。雌蕊在开花前一两天便有受精能力,雄蕊开花后一两天成熟,花药的顶端开裂,散出花粉。马铃薯属于自花传粉作物,天然杂交率很低,一般不超过 0.5%。

马铃薯也是无性繁殖植物,生殖器官有退化趋势。凡花药瘦小、瘪缩并呈黄绿色或灰黄色的品种,属于雄性不育类型,不能天然结实。

马铃薯开花的适宜温度为 18～20℃,相对湿度为 90%,气温高于 23℃、湿度低于 65% 时杂交不易成功。

四、方法与步骤

1. 采集花粉

在杂交前一两天的上午,选择父本当天开花的花朵,携回室内,摘下花药,摊放在光滑纸面上,在室内干燥一昼夜,然后将散出的花粉连带花药装入贮粉瓶内,瓶外贴上写明父本品种名称的标签,置于干燥器内备用。

2. 去雄和授粉

马铃薯的杂交应在傍晚进行,因为授粉后有一段较长的冷凉和湿润的气候条件有利于花粉发芽。

选择健壮母本植株上发育良好的花序,进行整花。每个花序只留当日开放的花或即将开放的花蕾 5～7 朵,将开过的花及未成熟的幼蕾全部摘除。母本属于雄性不育类型的,可以不去雄,直接用授粉笔蘸取预先采集的花粉,授于母本柱头上。如果母本花粉可育,应在花粉成熟之前去雄,之后再授粉。由于马铃薯天然杂交率极低,因此去雄后无需进行隔离。如用 1.5～2.0cm 长的麦秆套在花柱上隔离,可以不去雄。在花药未成熟时,先授粉,然后套以麦秆。套麦秆时,注意不要碰断花柱或触伤子房。

去雄授粉后,在花柄上挂上纸牌,注明去雄授粉日期和组合名称。

3. 浆果的收获和采种

授粉后一周左右,即可检查杂交结实情况。凡花冠脱落、子房膨大,即表明杂交成功。当膨大的浆果直径达到 1.5cm 时,可用小沙布袋将浆果套上,以防浆果脱落丢失。当浆果由绿变黄时,即可收获。

浆果收获后,应挂在室内后熟,当其变白、变软、有香味时,将种子洗出。洗种子时,将浆果放入水杯中搓挤,挤出的种子沉于杯底,然后漂去果肉,换水冲洗,把种子上的黏质洗净,摊在纸上晾干。将干燥的种子贮存备用。

补充:

离体花序室内授粉法:在花序内第 1 朵花开放时,连主茎带叶片从基部剪下,插在水瓶内,水内加硝酸银或高锰酸钾等防腐剂,以免菌类繁殖。把水瓶放在室内,室温控制在 20℃ 左右,湿度在 80%～90% 之间,每日人工照明 16h,随着花的开放陆续进行人工授粉。

五、作业

每人杂交 5～10 朵花并填写下表。

母本品种	父本品种	杂交日期	杂交花数	结果数	成功率(%)

实训四　花粉生活力检验

一、目的

掌握花粉生活力检验的基本方法。

二、材料与用具

1. 材料

马铃薯正常株的新鲜花粉和雄性不育株的败育花粉。

2. 用具

显微镜、载玻片、凹玻片、滴管、量筒、烧杯(100mL)、酒精灯、染色缸、玻璃棒、三脚架、石棉网等。

3. 药剂

碘-碘化钾溶液、蔗糖、琼脂、蒸馏水等。

三、说明

花粉的生活力是能否获得杂交种子的重要因素之一。花粉败育——无生活力是雄性不育类型之一。因此,有性杂交育种时,对经过贮存的或由外地邮寄来的花粉,应在杂交前进行生活力检验。只有具有生活力的花粉,才能用来授粉杂交,否则不仅浪费人力和时间,而且影响杂交育种工作的正常进行。此外,在选育雄性不育系时也必须对花粉的生活力进行检验。

四、方法与步骤

1. 配制培养基和染色液

(1)配制培养基。取烧杯一只,加入蔗糖 7.5g、琼脂 0.5g、蒸馏水 42mL,在酒精灯上加热,用玻璃棒搅拌,煮沸至琼脂完全溶解,即配制成 15%蔗糖＋琼脂的培养基。

(2)配制染色液。称取 0.5g 碘化钾,溶于少量水中,加入 1g 碘片,加水至 100mL,存放于棕色瓶中。

2. 检验

(1)形态检验法。取凹玻片两片,在凹槽内滴入蒸馏水 1～2 滴,分别挑取少量新鲜花粉和败育花粉放入水中,调匀,标明花粉种类,在低倍显微镜下观察其形态。充实饱满者有生活力,瘦小而畸形者无生活力。观察两个视野,计算充实饱满和瘦小而畸形的平均数,填入表内。

(2)培养基检验法。将配制的琼脂蔗糖培养基涂在载玻片上,待其凝固后,将花粉撒播在培养基上。最好在花粉内掺入少量柱头的分泌黏液,以促使花粉迅速发芽。为了使花粉在一定的湿度条件发芽,可将载玻片放在染色缸内,缸内注入少量的水,并加上盖。最后把染色缸置于 20～25℃下,使之发芽。试验证明,在相同的条件下,密播时花粉发芽率高,花粉管伸长的速度快;稀播时花粉发芽率低,花粉管伸长的速度慢。这种现象叫做群体效应。因此,花粉也要合理密播。通常在每一低倍显微镜视野内分布 50～100 粒花粉较合适。

花粉撒播后,标明花粉种类,经过 10h 左右,用低倍显微镜观察两个视野,计算发芽和不发芽花粉的平均数,填入表内。发芽率越高,表示花粉生活力越强。

(3)染色检验法。取凹玻片两片,分别挑取少量新鲜花粉和败育花粉,撒于凹槽内,滴入碘-碘化钾 1～2 滴,盖上盖玻片,标明花粉种类。20min 后,在低倍显微镜下观察染色情况。凡着色的为有生活力的,着色浅或不着色的为无生活力的。观察两个视野,计算着色花粉和不着色花粉的平均数,填入表内。

五、作业

绘制马铃薯正常花粉粒图并填写下表。

花粉生活力检验结果

花粉种类	形态检验法			培养基检验法			染色检验法		
	有	无	有(%)	有	无	有(%)	有	无	有(%)
新鲜									
败育									

实训五　植物多倍体的诱发及观察鉴定

一、目的

掌握诱变多倍体的方法;学会间接鉴定植物多倍体的方法,认识多倍体植物气孔及花粉的变化。

二、材料与用具

1. 材料

洋葱根尖、马铃薯花粉和叶片(二倍体种、四倍体种或二倍体种加倍后)。

2. 用具

显微镜、载玻片、盖玻片、广口瓶、镊子、刀片、滴管等。

3. 药品

秋水仙素、盐酸酒精、醋酸洋红、碘液、45%醋酸。

三、说明

多倍体的诱发作用是由于秋水仙素抑制了纺锤丝的形成,使每个染色体纵裂为两个以后,不能向两极移动,同时细胞也不能分裂成两个细胞。这样每个细胞里的染色体增加了一倍,便形成多倍体细胞。

多倍体植物的特征之一是表现相对的巨大性,这类植物的某些器官,如根、茎、叶、花、果实、花粉、气孔以及细胞等,甚至整个植株都比二倍体大。人工诱变多倍体通常多是先对其气孔及花粉进行观察,鉴定其是否诱变成功,然后再进一步观察根尖细胞,检查染色体数目。

四、方法与步骤

1. 诱变多倍体

(1)先剪去洋葱的老根,然后置于盛满水的广口瓶口上,等长出新的不定根后,再移到盛有 0.01%～0.1%浓度的秋水仙素溶液的瓶口上浸泡,直到根尖膨大为止。

(2)取下已膨大的根尖,长 3～4mm,放在浓盐酸酒精液(浓盐酸 1 份,95%酒精 1 份)里 10min,进行细胞分离。用清水冲洗,然后移到载玻片上,加 1～2 滴醋酸洋红,在酒精灯上微微加热,来回 3～4 次,以加深染色。10min 后,盖上盖玻片,覆以吸水纸,用手轻压,使细胞和染色体散开,即可观察。

2. 多倍体的观察

(1)观察气孔。在四倍体叶片的背面中部划一切口,用镊尖夹住切口部,撕下一薄层下表皮,放在载玻片的水滴里,铺平,盖上盖片。同样,制作一张二倍体的表皮切片,作为对照。把上述两张切片放在两台同样倍数的显微镜下观察,比较气孔的大小,可以看到四倍体的气孔和保卫细胞比二倍体的大得多。所取的叶子应为同一个发育时期、同一个部位的,否则会影响实验的准确性。如用测微尺测量,效果更为明显。

(2)观察花粉。上午 6:00—8:00 从四倍体、二倍体植株上采集花粉,分别浸在 45%醋酸里,软化 8min,然后移至载玻片上,加 1 滴碘液,盖上盖玻片。将这两张切片用两台显微镜在倍数相同的条件下观察,比较花粉粒的大小。最好用测微尺观测,效果更好。

五、作业

1. 观察多倍体细胞,计其染色体数,并绘出图像。洋葱 $2n=16$,马铃薯 $4n=48$。

2. 将观察现象绘制成图。如用测微尺观测,计算出气孔保卫细胞的平均长宽和花粉粒的平均直径,然后列表记载下来。

参 考 文 献

[1] 朱军.遗传学[M].北京:中国农业出版社,2001.

[2] 张明菊.园林植物遗传育种[M].北京:中国农业出版社,2008.

[3] 黑龙江省佳木斯农业学校.果蔬遗传育种学[M].北京:农业出版社,1990.

[4] 潘家驹.作物育种学总论[M].北京:中国农业大学出版社,2005.

[5] 金光辉.我国马铃薯育种方法的研究应用现状及其展望[J].中国马铃薯,2000,14(3):184-186.

[6] 陈伊里.马铃薯产业与西部开发[M].哈尔滨:哈尔滨工程大学出版社,2001.

[7] 孙慧生.马铃薯育种学[M].北京:中国农业出版社,2003.

[8] 金黎平,屈冬玉,谢开云,等.我国马铃薯种质资源和育种技术研究进展[J].种子,2003,5:98-100.

[9] 张丽莉,宿飞飞,陈伊里,等.我国马铃薯种质资源研究现状与育种方法[J].中国马铃薯,2007,21(4):223-226.

[10] 王仁贵,刘丽华.中国马铃薯种质资源研究现状[J].作物品种资源,1995,3:20-22.

[11] 刘喜才,张丽娟,孙邦升.马铃薯种质资源研究现状与发展对策[J].中国马铃薯,2007,21(1):39-41.

[12] 孙海宏,周云.马铃薯种质资源的保存方法[J].现代农业科技,2008,12:94.

[13] 李其文,王仁贵.克山马铃薯品种资源的研究现状[C].中国加拿大马铃薯项目国际学术研讨会论文集,1994,111-116.

[14] 金光辉.中国马铃薯主要育成品种的种质资源分析[J].作物品种资源,1999,4:12-13.

[15] 黑龙江省克山马铃薯科学研究所.马铃薯育种和良种繁育[M].北京:农业出版社,1976.

[16] 宋伯符,王桂林,杨海鹰.中国北方马铃薯抗旱资源评价[J].马铃薯杂志,1992,4:223-225.

[17] 金黎平,杨宏福.马铃薯遗传育种中的染色体倍性操作[J].农业生物技术学报,1996,1:70-75.

[18] 金黎平,杨宏福.马铃薯双单倍体的产生及其在遗传育种中的应用[J].马铃薯杂志,1996,3:180-186.

[19] 姜兴亚,任喜英,王凤义.普通栽培种与新型栽培种种间杂交亲本配合力分析[J].马铃薯杂志,1987,1:25-28.

[20] 冉毅东,李景华.马铃薯近缘种种间杂交杂种优势及配合力的研究[J].马铃薯杂志,1988,2:1-10.

[21] 屈冬玉.马铃薯2n配子发生的遗传分析[J].园艺学报,1995,1:61-66.

[22] 樊民夫.马铃薯抗旱品种的筛选与评价[J].马铃薯杂志,1992,6:153-155.

[23] 杨海鹰.国际马铃薯中心种质资源在内蒙古西部干旱地区的评价[J].马铃薯杂志,1992,6:148-152.

[24] 戴朝曦.马铃薯原生质体培养及体细胞融合和杂交技术的研究[M].北京:中国农业出版社,1995.

[25] 敖光明,刘瑞凝.马铃薯外植体再生植株的研究[J].北京农业大学学报,1991,2:43-47.

[26] 张鹤龄,宋伯符.中国马铃薯种薯生产[M].呼和浩特:内蒙古大学出版社,1992.

[27] Hawkes J G. The Potato:Evaluation,Biodiversity and genetic Resources[M]. London:Belhaven Press,1990.

[28] Munoz F J,R L Plaisted. Yield and combining abilities in Angigena potatos after six cycle of recurrent phenotypic selection for adaptation to long day congitions. Am. Potato J. ,1981,58:469-479.

[29] Austin S,M Bear,J P Hegeson. Transfer of resistance to potato leaf roll virus from Solanum brevidens into Solanum tuberosum by somatic fashion. Plant Sci. ,1985,39:75-82.

［30］ Mendoza H A. Sources of resistance in the Genus Solanum Report of the planning conference of CIP. Peru,Lima,1980,85-88.

［31］ Bamberg J B,R E Hanneman. Characterization of a new gibberellin related dwarfing locus in potato(Solanum tuberosum L.). Am. Potato J. ,1991,68:45-52.

［32］ Behnke M. General resistance to late blight of Solanum tuberosum plants regenerated from callus resistant to culture filtrates of Phytophthota infestans. Theor. Appl. Genet. ,1980,56:151-152.

［33］ Austin S. Somatic hybrids produced by protoplast fusion between S. tuberosum and S. brevidens: phenotypic variation nuder field condition. Thero. Appl. Genet. ,1985,71:682-690.

［34］ Rowell A B. General combining ability of Neo-tuberosum for potato to production from true seed. Am. Potato J. ,1986,63:141-153.

［35］ Novy R G. Genetic resistance to potato leafrool virus,potato virus Y,and green peach aphid in progeny of Solanum etuberosum. American Potato Journal. 2002,79(1):9-18.